에너지 전문가가 들려주는 에너지 에세이

세상을 움직이는 힘, 에너지

에너지 전문가가 들려주는 에너지 에세이

세상을 움직이는 힘, 에너지

1판 1쇄 발행 2023년 4월 28일
1판 2쇄 발행 2023년 12월 8일

지은이 한귀영
펴낸이 유지범
책임편집 구남희
편집 신철호 · 현상철
외주디자인 심심거리프레스
마케팅 박정수 · 김지현

펴낸곳 성균관대학교 출판부
등록 1975년 5월 21일 제1975-9호
주소 03063 서울특별시 종로구 성균관로 25-2
전화 02)760-1253~4
팩스 02)760-7452
홈페이지 http://press.skku.edu/

ISBN 979-11-5550-591-5 03570

한귀영 지음

에너지 전문가가 들려주는 에너지 에세이

세상을 움직이는 힘, 에너지

사람의무늬

차례

들어가는 말

이 책은 에너지에 대한 기술적, 공학적, 과학적 예비지식이 없는 일반 대중을 대상으로 에너지에 대해 좀 더 깊은 관심과 흥미를 가지는 데 도움을 주고자 쓴 책이다. 따라서 에너지에 대한 교과서가 아니라 개인적인 의견과 제한된 전문 지식을 바탕으로 자연스럽게 쓴 수필이라 할 수 있다. 그래서 본문을 고증하거나 증명하는 전문적인 자료는 제시하지 않았고, 우리 주변에서 볼 수 있는 에너지에 관한 기본 정보와 이에 관련된 역사적 일화를 주로 서술하였다.

에너지는 대부분 전문적인 공학자들의 손에 의해 설계되고 생산되지만, 에너지를 사용하는 주요 소비자는 에너지에 대해 잘 알지 못하는 일반 대중이다. 따라서 일반 대중이 적절한 수준의 에너지 지식을 알게 되면, 이 지식을 바탕으로 일종의 공공재라고 할 수 있는 에너지를 구입하는 과정에서 경제적, 정치적 선택을 하는 데 큰 도움이 될 것이다. 즉 원자력 발전이나 신재생 에너지를 선택하는 문제, 중앙 집중 발전 시스템과 분산형 발전 시스템의 선택, 내연 기관 자동차, 전기 자동차 또는 수소 연료 자동차 등을 선택할 때 보다 정확하고 올바른 기본 정보를 알고 있다면 더 현명한 선택을 할 수 있을 것이다.

대부분의 사람들이 알고 있듯이, 에너지는 우리 사회의 모든 조직이 원활하게 돌아가게 하는 원동력이다. 에너지는 크게 산업용, 가정용, 수송용, 상업용으로 나뉜다. 대개 일반인들은 집에서 소비하는 가정용 에너지와 자주 사용하는 수송용 에너지에는 관심이 있지만, 산업용과 상업용 에너지에는 큰 관심을 두지 않는다. 하지만 에너지 사용은 우리 사회에 정치적, 경제적, 환경적 파급 효과가 크기 때문에 네 가지 모든 에너지 소비 분야에 대한 기본 지식을 이해하는 것은 매우 중요하다.

산업용 에너지는 주로 석탄 화력 발전소, 시멘트, 철강 산업, 알루미늄, 정유 및 화학 산업에서 대량으로 소비되고 있다. 더불어 지구 온난화의 주범으로 지목되고 있는 이산화탄소도 대량으로 방출되고 있다. 산업용 에너지는 우리가 안락하고, 편리한 생활을 유지하기 위한 산업의 필수적인 에너지원인 전기, 수송용 원료, 기초 소재, 다양한 생활필수품을 만드는 데 사용이 된다. 그러나 산업용 에너지는 환경 오염 물질(황산화물, 질소 산화물, 미세 먼지 등)과 이산화탄소를 대량으로 배출하기 때문에 일반 대중은 산업용 에너지 소비의 경제적, 환경적 요인을 함께 고려하여 향후 바람직한 산업용 에너지 소비 구조로 바꾸는 데 관심을 가지고 정부에 강력한 의견을 제시해야 할 것이다.

가정용 에너지는 일반 가정에서 소비되는 에너지이다. 따라서 소득이 향상되면 가정용 에너지 소비가 증가하는 것은 당연한 이치다. 이렇게 증가하는 가정용 에너지 소비 문제를 해결하기 위해 정부는 에너지 절약 캠페인에 비중을 두고 있다. 하지만 에너지 절약은 그저 추운 겨울과 더운 여름을 냉난방을 줄여서 견디는 것이 아니라, 가정에서 에너지 낭비 요소가 되는 건축 자재 및 가전제품을 고효율 제품으로 전환하는 등 자연스러운 에너지 절약 방향으로 진행되도록 정부 차원에서 유도해야 한다.

잘 산다는 것에는 쾌적한 생활 공간을 유지한다는 것도 포함된다. 쾌적한 환경 속에서 일의 능률도 오르고 삶의 질도 향상되기 때문이다. 그래서 에너지 절약은 단순히 추위와 더위를 견디어내는 것보다는 효율적 에너지 기기 개선이 훨씬 좋은 선택이다.

수송용 에너지는 우리가 잘 아는 자동차, 버스, 트럭, 기차, 선박, 비행기에서 소비되는 에너지를 의미한다. 에너지 효율 측면에서 보면 자동차나 선박, 비행기를 만드는 제조업체의 효율 향상에 따른 에너지 절약 및 환경 오염을 감소하는 것은 제조사의 주요 과제이다. 뿐만 아니라 수송용 에너지의 경우에는 일반 대중의 관심과 참여 또한 무엇보다 중요하다. 왜냐하면 수송용 에너지는 인구 증가 및 삶의 질 향상에 따라 필연적으로 증가하는 에너지 분야이기 때문이다. 특히 인구가 많은 개발 도상 국가인 중국과 인도를 대표적으로 고려해 볼 때, 이 나라 대부분의 인구가 자동차를 구입할 수 있는 경제적 여건에 도달하게 되면, 수송용 에너지 수요는 급격하게 증가하게 될 것이기 때문이다. 즉 인구 증가와 개발 도상 국가의 소득 증대에 따른 자동차 및 기타 운송 기기 증가는 필연적이며, 이에 따른 수송용 연료(주로 가솔린, 디젤, 제트유)의 증가 또한 쉽게 예상할 수 있다. 따라서 우리는 이런 문제를 해결할 수 있는 미래의 자동차 및 운송 기관에 대한 준비를 반드시 해야 한다. 또한 일반 대중들이 동의하는 방향으로 미래의 자동차가 개발되도록 노력해야 한다.

마지막으로 상업용 에너지는 주로 은행, 병원, 마트, 학교, 대형 빌딩 등 사회 서비스 시설의 유지에 사용되는 에너지를 의미한다. 이런 상업용 시설의 에너지 대부분은 조명 에너지에 사용되기 때문에 조명 에너지 관련 지식을 이해하면 좀 더 현명하게 건물 에너지에 대한 절약과 바람직한 미래의 발전 방향을 가져올 수 있을 것이다.

이 책의 마지막 부분에서는 에너지 사용에 필연적으로 뒤따르는 환경 오염 문제(대기 오염, 수질 오염, 토양 오염)와 이산화탄소 방출에 따른 지구 온난화에 대한 과학적 사실을 설명할 것이다.

앞서 이야기했듯이 이 책의 서술 방식은 전공 서적의 이론적 서술이나, 학술적 논문의 형식이 아니라 일반 대중을 위한 에세이 형식을 취하였다. 따라서 개인적인 편향된 의견이라고 볼 수 있는 내용도 있고, 특정 분야 전문가만큼 해당 지식을 가지고 있지 않을 수도 있다. 그럼에도 불구하고 이 책을 쓰고자 한 것은 필자가 30년간 대학에서 에너지 관련 연구와 강의를 하면서 최근 몇 년이 에너지 패러다임이 바뀌는 시기가 아닌가 하는 생각이 들었기 때문이다. 다시 말해서 전기 자동차의 대두, 수소 연료 전지 자동차에 대한 관심, 신재생 에너지에 대한 전 세계적 확장, 이산화탄소 절감을 위한 연료의 전환, 중앙 집중식 발전 시스템에서 지역 분산형 소형 발전소의 확장, 에너지 절약과 효율 향상을 위한 전 지구적 노력이 과거 몇 년 전보다 매우 강력하게 그리고 대규모로 진행되고 있다는 점을 인식하게 되었기 때문이다. 특히 지구 온난화와 기후 변화에 대한 일반 시민들의 관심과 걱정이 과거보다 매우 높아졌다는 점 또한 에너지 시스템의 중요한 전환점이 될 것으로 예상되었다.

마지막으로, 이 책을 쓰기 시작한 2022년 봄에 발발한 러시아-우크라이나 전쟁의 여파가 결국에는 유럽과 전 세계의 에너지 위기를 가져왔다. 그리하여 국제 에너지 기구(IEA)는 "올 겨울 인류는 처음으로 에너지 위기를 맞이할 것이다"라는 엄중한 경고를 하기에 이르렀다. 지구 온난화에 대한 대중의 관심이 증가하고, 전쟁에 따른 에너지 자원 보급의 어려움으로 사람들은 더욱더 에너지에 관심을 갖는 계기가 되었다. 아무쪼록 이 책이 에너지를 사용하면서도 에너지에 대한 기초 지식이 부족한 일반인들이 에너지에 대한 올바르고 정확한 지식을 얻고, 이를 통하여 올바른 에너지 소비 생활을 하는 데 유용하게 활용되기를 바란다.

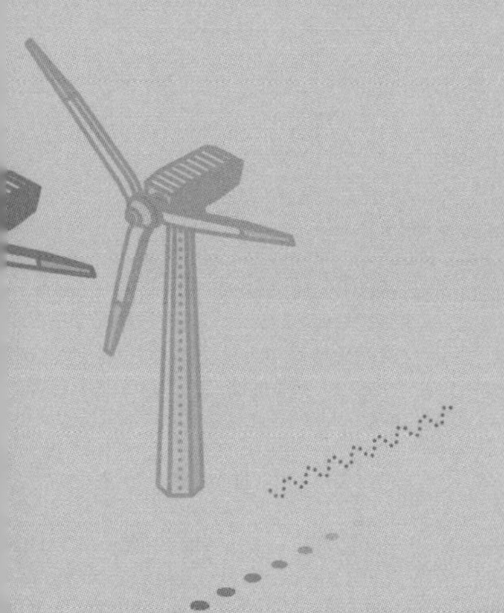

제1장

인류 역사상 가장 놀라운 발명

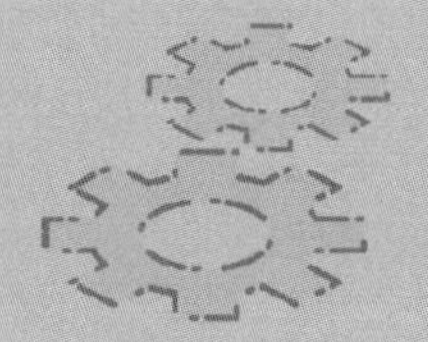

증기 기관 이야기

1808년 영국의 유명 일간지에는 다음과 같은 광고가 실렸다. "Catch me who can." 이 광고는 리처드 트레비식이라는 기술자가 자신이 제작한 증기 기관차의 달리는 모습을 직접 보고, 아울러 그 열차를 시승할 수 있는 기회를 홍보하기 위한 일종의 서커스 광고였다. 엔지니어였던 트레비식은 자신이 만든 증기 기관차가 당시 최고의 운송 수단이었던 말을 충분히 대체할 수 있다는 점을 보여주고자 했다.

그는 런던 외곽의 블룸버리에 커다란 서커스 천막을 세우고, 외부에서는 안을 볼 수 없도록 펜스를 설치했다. 그리고 설치된 서커스 천막 내부에는 증기 기관차가 달릴 수 있도록 레일을 설치하였다. 당시 이 서커스의 입장료는 1실링이었고, 희망자는 증기 기관차에 시승도 할 수 있었다. 하지만 막상 열차가 달리기 시작하자

증기 기관차는 예상 속도인 32km/hr보다 느린 19-23km/hr 정도로 달렸다.

더 큰 문제는 증기 기관차의 무게를 견디는 지반이 약해지면서 레일 침하로 증기 기관차가 멈춰버린 것이다. 며칠 뒤에 다시 레일을 보강하면서 증기 기관차 시범 운행 서커스는 두 달간 지속되었다. 하지만 시민들의 무관심으로 이 서커스는 흥행에 실패했다. 그리하여 서커스에 사용된 3개의 증기 기관차 제작에 든 비용을 회수하지 못한 트레비식은 다음해 파산했다. 이후 남미 광산에서 증기 기관을 활용하고자 이주했지만 끝내 성공하지 못했고, 다시 영국으로 돌아와 쓸쓸히 생을 마감했다.

트레비식의 창의적이고 도전적인 증기 기관차는 실용화에는 실패했지만, 그 후 1825년 스티븐슨 부자에 의하여 '로코모션'이라는 이름의 승객을 태운 최초의 현대적 증기 기관차가 상업화에 성공함으로써 트레비식의 꿈은 결국 이루어졌다. 그리고 스티븐슨 부자는 '철도의 아버지'라는 명예까지 얻게 되었다. 트레비식의 노력은 자신에게 성공으로 돌아오지 못했지만, 그가 처음으로 시도한 증기 기관차는 영국 산업 혁명뿐만 아니라 미국 횡단 철도 등 미국과 유럽 산업 발전에 특히 큰 기여를 한 것으로 평가받고 있다. 또한 서커스라는 형식으로 증기 기관차의 가능성을 대중에게 확실하게 인식시켰다는 점에서 그 아이디어는 칭찬받을 만하다.

당시 서커스를 본 사람들은 증기 기관차가 말과는 달리 시간이 지나도 전혀 지치지 않고, 속도를 계속 유지하고 있었다는 점에 놀랐다. 그야말로 레오나르도 디카프리오와 톰 행크스가 출연한 영화 제목처럼 '잡을 테면 잡아봐(Catch me if you can)'였다. 증기 기관차의 엄청난 능력을 두 눈으로 확인한 사람들은 이후 증기 기관차에 대한 평가를 다시 하게 되었다. 이리하여 본격적인 증기 기관차의 시대가 열리게 되는데, 이것이 영국 산업 혁명을 이끌었다는 것은 너무나 잘 알려져 있는 역사적 사실이다. 비록 역사는 승자의 기록이지만, 우리는 패자이면서 개척가 정신을 보여준 리처드 트레비식의 업적 또한 스티븐슨 부자만큼 기억해야 할 것이다. 무엇이든 처음으로 시작하는 사람들은 대부분 어려운 역경 속에 실패를 거듭하게 되고, 그 과실은 다음에 도전하는 사람의 몫이 되는 경우가 많다. 앞선 증기 기관차 발명과 마찬가지로 최초의 증기 기관은 영국의 뉴먼이라는 엔지니어가 만들었지만, 낮은 효율의 문제점을 해결하고 그것을 특허로 낸 제임스 와트에게 증기 기관 발명이라는 영광이 돌아간 것도 같은 상황이다.

처음 증기 기관의 시작은 석탄 광산의 문제점에서 시작되었다. 당시 영국은 연료가 나무에서 석탄으로 바뀌는 과정으로 석탄 수요가 급격하게 증가하였다. 영국은 해양 강국으로 전함과 상선 등 많은 배가 필요했다. 그런데 당시는 상업용 상선과 군사용 전함 모두 나무로 건조하였고 시민들 또한 땔감으로 나무를 사용하고 있었다. 하지만 상업 무역의 규모가 커지고, 군사 목적의 전함 건조가 증가하면서, 영국은 나무 부족이라는 문제에 직면하게 되었다. 이에 따라 영국에서는 연료로서 나무 사용을 금지하고 새로운 연료로 석탄을 본격적으로 채굴하기 시작했다.

땅속의 석탄을 채굴하려면 석탄 갱도를 만들고 지하로 내려가면서 석탄을 채굴해야 했는데, 지하로 내려갈수록 지하수에 의한 석탄 광산의 침수가 빈번하게 일어났다. 이로 인하여 석탄을 캐서 상부로 올리기가 어려워졌다. 더 많은 석탄 채굴을 위해서는 더 깊이 땅속으로 들어가야만 했는데, 그러면서 지하수 침출도 늘어났다. 당연히 석탄 채굴을 위해서는 지하로 갈수록 석탄 갱도 지하에 증가하는 물을 외부로 퍼 올려야만 계속할 수 있게 되었다. 바로 그때 제임스 와트, 그리고 그전의 뉴커머가 발명한 증기 기관이 지하 갱도의 물을 퍼내는 데 처음으로 사용되었다.

이런 증기 기관의 발명으로 석탄 탄광의 지하 배수 문제가 해결되자 석탄 채굴량이 증가하기 시작했다. 이로 인해 땔감으로 사용되던 나무 대신 석탄의 수요 또한 증가하게 되었다. 석탄을 신속하게, 대량으로 영국 전역에 수송하기 위한 방안으로 영국에서는 철도를 건설하고, 증기 기관차를 만들어 석탄을 수송하기 시작했다. 증기 기관차의 등장으로 석탄의 수송이 이루어지고, 수송 속도가 빨라지면서 산업에 대대적인 변화가 일어나기 시작했다. 증기 기관과 증기 기관차의 기술적 발전 덕분에 영국의 여러 공업 지역에 필요한 석탄을 대량으로 보급하면서 철강을 비롯한 산업은 폭발적으로 성장하였다.

한편 당시의 면직이나 방직 산업에도 증기 기관을 이용하는 방직기가 활용되면서 석탄의 수요는 급속히 증가하였다. 이렇게 석탄 탄광의 지하 갱도에 차올랐던 지하수를 처리하는 기술에서 시작된 증기 기관은 더욱 효율적인 측면에서 발전을 거듭하면서 석탄 채굴량이 증가하게 되고, 아울러 개량된 증기 기관차 덕분에 석탄을 영국 전역에 빨리, 대량으로 수송하게 되었다. 소위 말하는 기술의 선순환이 이루어진 것이다. 즉 석탄의 공급이 증가하면서 수요가 더욱 증가하게 되고, 이것은 더 효율 높은 증기 기관의 발전을 가속화시켰다. 결국 증기 기관으로 영국의 산업 혁명은 엄청난 성공을 거두었다. 그래서 증기 기관을 인류의 위대한 발명품이라고 한다. 윌리엄 로젠은 『역사를 만든 위대한 아이디어(The most powerful idea in the world)』라는 책에서 증기 기관의 발명 과정과 증기 기관이 초래한 엄청난 경제적, 사회적 영향에 대하여 매우 깊이 있고 포괄적인 내용을 서술했다.

인간은 자신의 물리적 힘을 사용하던 시절부터 소나 말 같은 가축 그리고 풍차와 같은 수력의 힘을 사용하여 문명을 발전시켜

왔지만, 증기 기관과 같이 석탄의 힘으로 동력을 얻게 되면서 기존과는 차원이 다른 동력의 활용을 맛보게 되었다. 이는 영국에서 시작된 산업 혁명의 발판이 되었고, 증기 기관 기술은 독일과 프랑스, 미국으로 전파되면서 전 세계적인 산업 혁명의 시발점이 되었다. 증기 기관에서 시작된 동력 장치의 개발은 그 후 자동차의 엔진이 되는 내연 기관, 그리고 전기를 이용하는 펌프, 모터 등으로 그 범위를 넓혀 나갔다.

한편 새롭게 만들어지는 동력 장치의 크기가 증가함에 따라 공업과 상업의 규모 또한 엄청나게 증가하였다. 기차, 자동차, 배와 같은 운송 기관이 더 크고, 더 빠르게 개량되면서 운반하는 상품의 양 또한 비약적으로 증가하게 되었다. 과거 인간이나 가축의 힘으로 제공되던 것과는 비교할 수 없을 정도의 힘을 발휘하는 증기 기관을 필두로 그 후에 발명되는 동력 장치들은 지치지 않는 힘과 내구성, 엄청난 크기를 갖추게 되었다. 이에 따라 인간은 이런 동력 장치를 관리하고 조정만 하게 되면서 상품의 운송이나 생산에서 인력의 중요성이 떨어지게 되었다. 아울러 모든 생산 수단에서 기계가 가장 중요한 요소로 부각이 되고, 상대적으로 인간의 효능과 가치는 떨어지게 된 것이다. 인간이 마치 큰 동력 장치의 부속품처럼 여겨지게 되면서 인간 소외가 나타나게 되었다. 동력 장치의 발명은 우리에게 편리함과 안락함, 높은 효율성을 제공했지만, 인간이 과거에 누렸던 상품 제조에서의 주인 의식을 빼앗아 가 버렸다.

어떤 새로운 발명품에는 항상 부작용이 따르기 마련이다. 제임스 와트의 증기 기관, 스티븐슨 부자의 증기 기관차로부터 시작된 새로운 동력 장치들이 인간에게 많은 힘과 편리함은 주었지만, 생산 과정에서 인간 소외, 부품화가 나타나고, 노동자의 가치가 임금으로 대체되는 노동력 제공으로 추락하면서 직업의 주체성을 잃게 만들었다. 석탄 광산에서 일하는 사람들의 가혹한 작업 환경 또한 과거에는 인류가 경험하지 못한 모습이었다.

그렇지만 새로운 동력의 발명으로 인류는 가혹한 육체 노동에서 벗어나고, 다양한 상품을 저렴한 가격에 구매하게 되었다. 또 편리한 여행을 누리게 되고, 안락한 삶을 누리는 것처럼 삶의 질이 좋아진 것은 분명하다. 반면에 석탄을 연료로 사용하는 증기 기관은 현재 우리가 직면한 지구 온난화의 시발점이기도 하다. 어찌되었든, 증기 기관과 증기 기관차는 수천 년간 이어온 인간의 생활 방식을 바꾼 획기적인 사건임에는 틀림이 없다.

석탄과 탄광 노동자

이제 산업 혁명의 원동력이 된 증기 기관의 연료인 석탄에 대하여 알아보자. 석탄은 나무나 풀과 같은 식물이 썩어서 오랜 기간 땅속에서 아주 느린 분해 과정을 거쳐서 형성된 탄화수소이다. 즉 석탄의 주성분은 탄소와 수소다. 석탄은 형성되는 시기에 따라서 갈탄, 아역청탄, 역청탄, 무연탄으로 나뉜다. 쉽게 말해서 나이가 적은 갈탄부터 나이가 많은 무연탄으로 서서히 변화된다. 인간의 나이에서도 알 수 있듯이 연료로서의 성능이 가장 뛰어난 것은 역청탄이다. 마치 중년의 인간과 같은 시기이기 때문이다. 우리나라에서 생산되는 석탄은 모두 무연탄으로 발열량이 적고, 연소 후 재가 많이 나온다는 특징이 있다. 즉 연료로서 성능이 가장 떨어지는 석탄이 바로 무연탄이다. 이를 통해서 우리나라의 지질은 지질학적으로 중생대를 지난 고생대라 할 수 있다.

우리나라 석탄 화력 발전소에서 사용하는 석탄은 역청탄으로 모두 호주, 인도네시아, 러시아, 캐나다 등 외국에서 수입한다. 우리나라는 전 세계에 고루 분포되어 있는 가장 흔한 화석 연료인 석탄마저도 연료로서 성능이 떨어지는 무연탄만 가지고 있는 몇 안 되는 나라 중 하나인 셈이다. 이렇기 때문에 우리나라는 모든 화석 연료(발전용 석탄, 운송용 석유, 연료용 천연가스)를 모두 외국에서 수입해야 하는 불리한 상황이다. 그러니 우리나라의 에너지 수입 의존도가 세계 1등일 수밖에 없다. 참으로 에너지 자원 측면에서는 지지리 복도 없는 나라라고 할 수 있다.

앞서 영국에서 석탄 채굴량이 증가한 이유는 나무를 연료로 사용하지 못하게 하는 정책이라고 말했는데, 석탄 생산이 증가하게 된 또 다른 이유는 당시 영국에서 철광석으로 철을 생산할 때 필요한 환원제로서 석탄의 수요가 크게 증가했기 때문이다. 석탄을 고온에서 가열하여 불순물을 제거한 고순도의 탄소를 '코크스'라고 하며, 이것은 철광석을 주철로 바꾸는 데 필수적인 물질이다. 석탄 채굴량의 증가로 철광석의 환원에 필요한 코크스의 공급이 충분해지면서 영국에서는 주철 생산도 크게 증가하게 되었다. 따라서 산업의 쌀이라고 하는 철의 생산량 증가 또한 산업 혁명에서 매우 중요한 성공 요소가 되었다.

이렇게 한 가지 발명품이 산업 전반에 혁신을 가져오고, 영국에서 시작된 산업 혁명이 주변의 여러 유럽 국가와 미국으로 전파되면서 전 세계적으로 대량 생산과 대량 소비의 기초가 되는 산업 혁명이 시작된다. 산업 혁명으로 촉발된 대량 생산은 상품의 공급 과잉을 가져왔고, 이런 공급 과잉을 해소하기 위해서는 새로운 수요가 필요했기 때문에 영국을 비롯한 유럽 대부분 국가들의 제국주의가 시작되는 불행의 시기가 시작되었다. 증기 기관이 산업 혁명의 원동력이 되었다는 점은 분명하다. 하지만 증기 기관이 엄청난 힘을 가지고 전 세계의 산업을 바꾸는 과정에서 증기 기관의 발명이 가져온 어두운 그림자, 즉 증기 기관으로 대표되는 동력의 부작용에 대하여 살펴볼 필요가 있다.

우선 산업 혁명으로 석탄의 수요가 엄청나게 증가하였고, 이에 더하여 지하 석탄 갱도에 고이는 지하수를 증기 기관의 힘으로 퍼내는 기술이 발달했다고는 하지만, 당시 석탄을 캐내기 위해서는 여전히 인간의 노동력이 필요했다. 가장 큰 문제는 하루 12~15시간에 이르는 장시간의 고된 노동, 열악한 근로 환경이었다. 지금 같은 갱도 내의 레일이나 안전 설비가 없었기 때문에 탄광 노동자는 자루를 등에 메고 좁은 갱도를 기어가면서 작은 곡괭이를 사용하여 석탄을 채굴했다. 그러다 보니 많은 탄광에서 체구가 작은 어린아이들이 좁은 갱도를 드나들기 쉽다고 생각하여 어린아이들을 고용하기 시작했다. 열악한 작업 환경, 장시간 노동, 부족한 식량 배급은 어린이들의 성장 발육을 저해하고, 영양실조를 가져왔으며, 이에 따른 사망률 또한 높았다.

마찬가지로 어린이들은 체구가 작다는 이유로 건물의 굴뚝 청소에 주로 고용되면서, 질식과 추락으로 목숨을 잃곤 했다. 지금 관점에서 보면 도저히 이해할 수 없는 혹독한 어린이 노동 착취라고 할 수 있다. 이런 비인간적 노동 여건이 당시 가장 선진국이라는 영국에서 벌어지고 있었다. 탄광뿐만 아니라 당시 왕성했던 방적 산업이나 철강 산업에서도 같은 형태의 노동 착취가 이루어졌다. 이런 가혹한 노동 조건이 가능했던 이유는 산업 혁명으로 인해 농촌에서 도시로 이주한 노동력을 쉽게 구할 수 있는 환경이 조성되었기 때문이었다. 이때부터 자본가인 부르주아와 노동자인 프롤레타리아 간의 계급 투쟁이 발생하는 시초가 되었다고 볼 수 있다.

우리가 잘 아는 영국 소설가 찰스 디킨스의 소설 『올리버 트위스트』, 마크 트레인의 소설 『허클베리 핀의 모험』 등을 보면, 산업 혁명 시기에 청소년들이 얼마나 가혹한 노동에 시달렸는지 알 수 있다. 물론 성인 남성뿐만 아니라 여성 또한 가혹한 노동에 시달렸다. 지금도 가끔 TV에서 석탄을 뒤집어쓴 탄광 노동자들의 모습을 보면, 지금과 비교할 수 없는 당시의 노동 강도나 작업 환경을 상상할 수 있다. 인간에게 편리함을 선사하는 것들이 만들어지는 과정에서 얼마나 많은 사람들의 가혹한 노동이 필요했는지 다시 한 번 생각해 보게 된다.

산업 혁명으로 우리가 상상했던 중세의 낭만적 농촌이나 도시의 모습은 없어지고, 동력을 이용한 대량 생산과 대량 소비의 시대가 온 것이다. 이제 인간 생활에 필요한 물건을 만드는 데 중심적 역할을 했던 인간의 자리에 기계가 들어서면서 인간은 한낱 생산의 한 부분인 노동력을 제공하는 수단으로 바뀐 것이다. 사람들은 대체로 과거를 아름다운 추억으로 여기는 경향이 있지만, 우리가 생각하는 산업 혁명 이전의 중세나 근대 초기에는 힘겨운 노동에 시달리면서 사는 사람들이 대부분이었다. 고된 노동, 가혹한 환경, 부족한 식량, 질병의 확산으로 고통을 겪었다.

산업 혁명은 육체 노동력을 제공하면서 생활했던 사람들에게는 새로운 도전이었다. 동력의 힘을 이용하여 적은 인원으로 과거의 많은 노동력을 대신할 수 있기 때문에 가혹한 노동에 시달리던 중세 농노들이나 가내 수공업 노동자들에게는 장시간의 노동에서 벗어나는 기회를 주기도 했지만, 한편으로는 대부분의 농노들은 일자리를 잃게 되었다. 따라서 농촌에서의 잉여 인력이 불가피하게 도시로 이주하면서 새로운 도시 노동 인구를 만들었다는 점도 고려해야 한다. 이런 급격한 도시화는 과도한 인구 밀도로 인하여 필연적으로 폭력, 음주, 환경(상하수도) 오염, 전염병 등 현대 우리의 도시가 겪는 문제가 발생하는 시초가 되었다.

마지막으로 석탄을 연료로 이용하는 증기 기관은 우리에게 새로운 세상을 가져다주었지만, 증기 기관의 탄생이 바로 지구 온난화의 출발점이기도 하다는 어두운 그림자 역시 존재한다. 과학자들은 북극의 지하 얼음 샘플에서 수천 년 전 지구의 이산화탄소 농도를 측정했다. 그런데 1850년경부터 대기 중의 이산화탄소 농도가 280ppm에서 갑자기 증가한 것을 발견했다. 즉 수천 년간 일정한 농도로 유지되어 오던 지구 대기의 이산화탄소 농도가 산업 혁명이 시작되는 시점부터 증가하여 지금은 약 420ppm까지 계속 증가하고 있다는 사실이 관측된 것이다. 이것은 증기 기관의 발명으로 시작된 화석 연료 사용이 필연적으로 이산화탄소 증가를 가져오게 되었고, 이산화탄소는 온실 효과를 일으키는 온실가스이기 때문에 결국 지구 온난화를 불러오게 되었다는 것을 보여주는 증거가 된다. 지구 온난화에 대해서는 나중에 자세히 설명할 것이다.

또한 오랜 기간 우리를 괴롭히고 있는 대기 오염의 주요 원인 또한 석탄 연소에서 나온다. 우리가 잘 알고 있는 미세 먼지는 바로 석탄 연소에서 나오는 아주 작은 석탄 입자와 재, 그리고 몇 가지 연소 화합물이다. 매우 작은 크기의 입자이기 때문에 굴뚝에서 완벽하게 여과되기가 쉽지 않다. 또한 석탄은 주로 탄소와 수소로 이루어져 있지만 미량의 황도 포함하고 있다. 이 황이 연소 과정에서 아황산가스로 변하면서 대기 오염의 주범이 되고 있다. 과거에 비하여 황산화물은 이제 기술적으로 잘 처리할 수 있는 공학적 방법이 개발되어서 황산화물 오염 문제는 어느 정도 해결되었지만, 미세 먼지로 인한 호흡 곤란, 이산화탄소의 방출에 따른 지구 온난화 문제는 아직 해결되지 못하고 있다.

지구 온난화와 미세 먼지 방출을 멈추기 위한 가장 좋은 방법은 모든 석탄 화력 발전소를 멈추는 것이지만, 현실적으로 가능하지 않은 이야기다. 천연가스 화력 발전소로 바꾸면 미세 먼지 문제는 어느 정도 해결되겠지만, 천연가스는 석탄에 비하여 가격이 비쌀 뿐만 아니라, 더 큰 문제는 가격 변동성이 심하다는 점이다. 그리고 미세 먼지를 해결하고자 기존의 석탄 화력 발전소를 모두 폐쇄하고 새롭게 천연가스 화력 발전소를 지으려고 할 때, 건설 비용과 건설 기간을 고려하면, 합리적인 선택이 아님을 알 수 있다.

에너지 사용에 따르는 여러 문제점은 단기간에 해결될 수 있는 것이 아니다. 사용하는 에너지(전기, 동력 장치)와 관련된 인프라, 시설 운영 기술, 가격을 고려하여 천천히, 차근차근 변화를 시도해야 한다. 대부분의 경우 하나의 발명품이 편리함을 주면, 반드시 그에 따른 새로운 문제점이 발생하게 된다. 마치 빛이 생기면 그림자가 곁에 반드시 존재하는 것처럼 말이다. 세상에 공짜 점심은 절대 없다.

열역학의 탄생

우리는 학교에서 공학과 과학의 차이를 배운다. 대부분의 기술 개발은 과학적 사실의 발견으로부터 확립된 이론과 개념을 가지고 그 이론을 구현하는 여러 기계적 장치를 만드는 것을 공학자의 몫으로 알고 있다. 즉 모든 문명과 기술의 발전은 과학에서 출발하여 공학으로 완성되는 셈이다. 다르게 이야기하면, 과학이 문제점을 먼저 발견하면, 공학은 그 문제를 해결한다는 것이다. 하지만 이런 통상적인 과학적 발전 과정에 예외적인 분야가 두 가지 존재한다.

하나는 증기 기관에서 출발한 '열역학'이고, 다른 하나는 라이트 형제의 비행기에서 출발한 '항공 역학'이다. 증기 기관이라는 새로운 동력 기관이 발명되고 나서 이 동력 기관에 대한 과학적 원리의 탐색이 시작되었다. 바로 이 학문 분야를 우리는 '열역학'이라 한다. 마찬가지로 라이트 형제의 비행기가 처음으로 하늘을 난 이후, 비로소 비행기가 어떻게 균형을 유지하면서 하늘을 나는지에 대한 과학적 원리의 탐색이 유체 역학과 항공 역학으로 발전하였다. 즉 필요는 발명의 어머니라는 말처럼, 시대의 요구에 따른 발명품은 종종 전통적인 기술의 발전 과정과는 다른 경로를 따르기도 한다.

증기 기관은 뉴커머의 초기 증기 기관에서 제임스 와트의 개선된 증기 기관으로 이어지고, 후에 스티븐슨의 증기 기관차로 발전되는 과정을 거쳤다. 그리고 증기 기관이 산업 전반으로 활용 범위가 넓어짐에 따라 과학자와 공학자 들은 증기 기관의 작동 원리와 석탄 연소로 인한 열에너지 방출에 따른 증기 기관의 효율 향상을 연구하게 되었다.

증기 기관의 효율에 관련된 최초의 이론적 논문은 1824년 프랑스의 장교 출신 과학자 사디 카르노의 「불의 동력 및 그 힘의 발생에 적당한 기계에 관한 고찰」이다. 그는 프랑스 최고의 교육기관인 에콜 폴리테크닉을 졸업하고 육군 공병 장교로 근무하는 동안 장비의 이동이나 운반에 사용된 증기 기관을 관찰하면서 특이한 점에 주목했다. 즉, 증기 기관 운전을 위하여 제공된 열에너지가 전부 다 일 에너지로 바뀌지 않는 것을 보고, '열'에서 '일'로의 전환에는 어떤 제약 조건이 존재하는 것 같다는 의견을 제시했다. '열에너지'가 '일 에너지'로 바뀌는 것을 제한하는 자연의 경향성의 크기가 있다는 것을 알아차린 것이다.

이렇게 열에너지가 일 에너지로 바뀌는 과정을 제한하는 경향성의 크기를 바로 '엔트로피'라고 한다. 즉 엔트로피의 존재를 관찰한 최초의 사람이 카르노라고 할 수 있다. 대부분의 이공대 학생들을 괴롭히는 열역학 2법칙, 엔트로피의 법칙을 처음으로 인식한 것이다. 이런 엔트로피의 정성적 성질은 그 후 또 다른 물리학자인 클라우지우스에 의해 정량적 식으로 표시되고, 오스트리아의 물리학자 볼츠만에 의하여 통계 열역학으로 발전하면서 엔트로피의 활용 범위는 계속해서 확장되었다.

여기서 에너지의 본질을 보다 잘 이해하기 위해 간단하게 열역학의 기본을 설명하고자 한다. 에너지의 종류에는 크게 일과 열이 있다. 열은 우리가 화석 연료를 태울 때 나오는 에너지이다. 일은 반드시 열이 변환되면서 얻어지는데, 대표적으로 기계적 동력(자동차 엔진을 생각하라)과 전기(화력 발전소에서 전기가 만들어지는 것)가 있다. 그리고 열역학은 열과 일의 전환 과정을 연구하는 학문이다. 에너지의 효율적인 소비를 위해서는 일 에너지와 열에너지의 종류와 차이점, 열과 일이 만들어지는 과정을 이해해야 한다.

열역학은 많은 이공계 학생들에게도 여전히 어려운 개념이다. 열역학 1법칙인 에너지 보존의 법칙, 즉 '에너지는 생성되지도 않고, 소멸되지도 않고 단지 형태만 바뀔 뿐이다'라는 명제는 매우 간단한 내용이다. 열역학 2법칙인 엔트로피 법칙, 즉 '자연계의 모든 자발적인 변화는 엔트로피가 증가하는(무질서도가 증가하는) 방향으로 일어난다'라는 명제 또한 엔트로피에 대한 정의를 잘 이해하면 크게 어려운 개념은 아니다.

그럼에도 실제로 열역학 1, 2법칙을 적용하여 어떤 열기관을 해석하고자 할 때 대부분의 공학자는 어려움에 봉착하게 된다. 그 이유는 '열'이라는 것이 질량이나 힘, 속도처럼 우리가 직관적으로 감각할 수 있는 성질의 것이 아니기 때문이다. 열은 연탄이나 성냥이 탈 때처럼 분명한 모습을 보일 때도 있지만, 대부분은 눈으로는 감지되지 않기 때문이다. 게다가 열은 결정적으로 질량이 없다. 야구공이 날아가거나 탄환이 총구에서 나가거나 지구가 태양 주위를 돌 때나 모든 대상 물질에는 일정한 질량과 그에 상응하는 크기가 있다. 그래서 그런 것을 물리적 양으로 환산할 수 있지만, 열의 경우에는 질량이 없다는 점에서 많은 과학자들이나 공학자들이 어떤 수학적 법칙을 만들 때나 물리적 개념을 확립할 때 고민이 되는 이유이다.

열의 경우, 뜨거운 물체와 차가운 물체를 접촉했을 때 뜨거운 물체가 차가워지는 것만큼 차가운 물체가 뜨거워지는 것은 열의 흐름이 존재한다는 것인데, 그 과정을 우리는 직관적으로는 알 수 없다. 즉 눈으로는 열이 흐르고 있다는 것을 알 수 없다는 뜻이다. 물론 직접 손을 대보면 알겠지만 말이다. 게다가 우리의 직관이 항상 진실을 보는 것도 아니다. 우리는 지구가 둥글다는 것을 사실로 인식한다. 하지만 우리의 직관은 넓은 바다에서 보면 지구는 끝이 평평하게 보인다. 지구가 태양 주위를 도는 것이 사실이지만, 종종 우리는 지구는 고정되어 있고, 태양이 동쪽에서 떠서 서쪽으로 지는 것을 매일매일 직관적으로 경험한다. 그럼에도 불구하고 우리는 우리가 보는 시각적 직관과 다르게 지구는 태양 주위를 돈다고 믿는다. 따라서 보이는 것만을 믿을 수 있다고 주장한 실증주의 과학은 열을 해석하는 데 큰 어려움에 직면하게 된다.

어쨌든 열이라는 새로운 물리적 양에 대한 이해, 엔트로피의 개념, 우리가 공학에서 자주 사용하는 절대 온도 개념을 만들어낸 영국의 물리학자이자 공학자인 켈빈이 제안한 열기관의 효율 등으로, 비교적 짧은 기간에도 불구하고 열역학은 엄청난 학문적 발전을 이루어냈다. 게다가 이 법칙은 대부분의 물리적 법칙에는 반드시 존재하는 예외적 조건(너무 커다란 물질, 너무 작은 물질, 너무 낮은 온도, 너무 빠른 속도)에 따른 법칙의 오차나 오류가 전혀 없다. 그래서 아인슈타인은 열역학 법칙이야말로 가장 완벽한 법칙이라고 말했다.

우리는 열역학의 완벽한 법칙 덕분에 우리 사회를 지배하는 거대한 열기관들을 잘 이해하고 설계하고 운영할 수 있게 되었다. 반면 열역학 2법칙인 엔트로피 법칙은 우리에게 에너지 사용에 따른 어두운 그림자를 이야기한다. 즉 우리가 화석 연료를 연소하면서 우리에게 필요한 일 에너지를 얻으려고 할 때, 반드시 에너지의 손실을 가져온다는 것이다. 즉 100이라는 열을 이용하여 일을 얻을 때는 대략 35 정도의 전기 에너지(화력 발전소 효율 35%), 또는 25 정도의 기계적 동력 일(자동차 효율 25%, 여기서 가솔린 엔진과 디젤 엔진은 작동되는 온도가 다르기 때문에 효율이 다르다. 또한 운전자의 운전 습관에 따라서도 효율이 크게 달라진다)을 얻는다. 나머지 65-75 정도의 열에너지는 대기로 손실된다.

즉 눈에는 보이지 않지만, 열에너지(화석 연료의 연소)에서 우리에게 편리한 일 에너지(전기 동력)를 얻을 때에는 반드시 60% 이상의 열에너지 손실이 발생한다는 것이다. 이것은 열역학 2법칙의 또 다른 정의라고 할 수 있다. 게다가 에너지 변환 과정(연료를 태워서 일을 얻는 과정)이 빠를수록(전문적 용어로 '비가역성'이 증가할수록) 열에너지의 손실은 더욱 커진다. 쉽게 이야기해서 자동차를 적당한 속도에서 정속으로 주행할 때보다 과속이나 급발진과 같이 전환 과정을 급속하고 빠르게 할수록 같은 거리를 이동함에 있어서 연료 소모가 많아진다는 것이다. 가능하면 천천히, 큰 변동 없이 에너지 변환 과정을 거쳐야 하는데, '빨리빨리' 하면 에너지 낭비를 더 부추기게 된다는 것이다.

열역학 2법칙은 우리가 에너지를 사용할 때 따르는 불가피한 에너지 낭비와 그것을 가속시키는 우리의 행동 양식이 미래 우리의 후손이 사용할 에너지의 감소를 가져온다는 어두운 모습을 보여준다. '엎질러진 물 앞에서 후회해도 소용없다'라는 속담의 뜻을 이해한다면, 그 사람은 열역학 2법칙의 한 부분을 이해했다고 볼 수 있다. 즉 어떤 상황이 한 번 일어나면 다시는 본래 상태로 돌아갈 수 없다는 뜻이다. 한 번 사용된 에너지는 다시 회수해서 쓸 수 없다. 그리고 자연은 한 번 오염되면 우리 노력에 따라 어느 정도 회복은 될 수 있겠지만, 결코 처음 상태가 될 수는 없다.

열역학은 처음에는 증기 기관의 효율 향상을 위한 연구에서 출발했지만, 나중에는 다양한 종류의 물질 간의 상평형, 그리고 화학 반응의 전환을 결정하는 화학 평형과 같은 화학공학에서 필수적인 영역에까지 확장되었다. 그리고 열역학에서 제안된 엔트로피라는 개념은 통계 열역학을 거쳐 이제는 많은 사람들이 경제학 같은 사회 현상을 해석하는 데도 응용되고 있다.

열역학은 그 시작도 독특하고 그 전개 과정 또한 다양한 분야로 응용되면서 우리 사회의 기계 문명을 발전시키는 데 큰 기여를 했다. 우리 사회의 많은 영역이 바로 열역학의 기본 원리로 작동되는 기계 설비나 부품으로 유지되고 있다. 따라서 인문학을 전공했다 하더라도 열역학에 대한 이해가 필요한 이유가 바로 열역학을 통하여 우리 사회를 이끌고 있는 힘인 에너지를 잘 이해할 수 있는 실천적 지식을 얻을 수 있기 때문이다. 이런 실천적 지식은 우리로 하여금 에너지의 효율적이고 경제적인 사용을 가능하게 하며, 이것은 필연적으로 에너지 절약을 가져온다. 지구 온난화와 기후 변화라는 인류의 위기에서 벗어나는 또 다른 방법은 열역학 2법칙의 이해를 통하여 올바른 에너지 사용을 실천하는 것이다. 따라서 열역학은 한물간 분야이고 새로운 것이 없는 학문이 아니라, 바로 지금 인류에게 가장 실용적인 학문이며 꼭 필요한 지식이다.

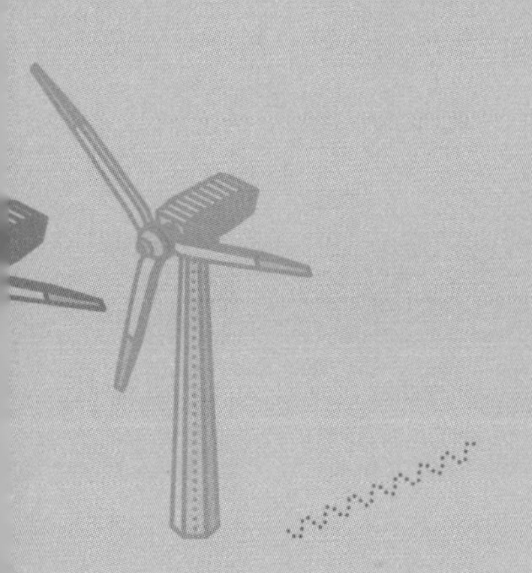

제2장

악마의 눈물, 석유 이야기

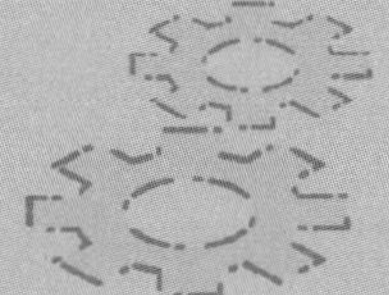

일곱 자매 이야기

1962년 이탈리아 국영 에너지 회사 초대 총재인 엔리코 마테이가 탄 비행기가 원인 모를 이유로 추락했다. 엔리코 마테이는 이 사고로 즉사했다. 그는 당시 국제 원유 시장에서 유가를 좌지우지하는 일곱 개의 다국적 기업인 '엑슨, 세브론, 걸프, 텍사코, 모빌, 로얄더치 셸, 브리티쉬 페트롤리움'을 '일곱 자매'라 명명하고, 그 회사들의 탐욕을 비난한 바 있었다. 그래서 '일곱 자매'는 매우 부정적인 의미로 해석되고 있는 별칭이다.

1970년부터 엄청난 힘을 발휘하고 석유 시장을 좌지우지했던, 그래서 석유 메이저라 불렸던 '일곱 자매'는 현재는 몇몇 회사가 합병되었고 명칭도 바뀌었지만, 1960년대부터 유가 시장에 엄청난 영향력을 행사하였고, 1970년대에는 강력한 카르텔을 형성하면서 세계 원유 시장의 50% 이상을 좌우할 정도였다. 이런 강력한 카르텔은 기어이 산유국의 반발을 사게 되었다. 1960년대 초 결성된 산유국들의 모임인 오펙(OPEC)은 자체적으로 원유 감산 정책을 통해 1973년 1차 '오일 쇼크'를 일으키면서 일곱 자매에 대항하는 강력한 조직으로 성장하게 되었다.

결국 석유를 기반으로 하는 자원 민족주의의 영향으로 이제는 '새로운 일곱 자매'가 탄생하게 되었는데, 모두 산유국으로 이루어져 있다. 이 새로운 일곱 자매는 사우디아라비아의 '아람코', 러시아의 '가즈프롬', 이란의 '국영석유공사', 중국의 '석유천연가스집단공사', 베네수엘라의 '국영석유회사', 브라질의 '페트로브라스', 말레이시아의 '페트로나스'이다. 결국 '세월 앞에 장사 없다'는 속담처럼 엄청난 자본과 기술, 경험으로 영원히 석유 시장을 지배할 것처럼 보였던 다국적 기업들도 맥없이 몰락하고 만 것이다. 하지만 현재 전 세계 에너지 시장을 주도적으로 지배하고 있는 새로운 일곱 자매 또한 언젠가는 또 다른 기업이 그 자리를 대체하게 될 것이다. 미래 에너지의 형태나 활용은 지금과는 전혀 다른 모습일 것이기 때문이다.

어쨌든 현재 우리 사회에서 가장 중요하게 여겨지는 화석 연료는 당연히 석유이며, 석유에 대한 전반적인 이해는 우리가 에너지를 사용하는 데 있어서 좀 더 현명하고 합리적인 판단을 하는 데 도움이 될 것이다. 특히 석유에 대한 수입 의존도가 큰 우리나라로서는 석유에 대한 이해가 더욱 절실하다.

우선 석유 관련 산업을 살펴보자. 석유는 크게 원유를 증류하여 가솔린, 디젤, 제트유를 생산하는 '정유 산업'과 원유를 열분해해서 나오는 기초유분인 에틸렌, 프로필렌을 이용하여 폴리에틸렌, 폴리프로필렌을 생산하는 '석유 화학 산업' 두 가지로 나눌 수 있다. 물론 정밀 화학 산업처럼 석유 유도체에서 나오는 화학 물질을 다루는 산업도 있지만 여기서는 생략하기로 한다. 그런데 문제는 이런 정유 산업과 석유 화학 산업에 필요한 원유의 수요가 실로 어마어마하다는 데 있다. 그래서 석유 관련 산업은 자본 집약적, 기술 집약적 산업의 대표적인 모습이다.

석유는 유전 탐사, 채굴, 수송, 가공, 분배라는 가치 사슬로 연결되어 있다. 따라서 이 모든 단계를 하나로 통합할 수 있는 수직 계열화가 가능한 기업이라면 엄청난 경제적 이익을 취할 수 있다. 이런 대규모의 석유 산업 수직 계열화를 이룩한 일곱 개의 기업이 바로 '일곱 자매'였던 것이다. 이들 다국적 기업은 소위 말하는 문어발식 운영으로 유명했다.

유전을 찾는 일은 바다 속에 떨어진 바늘을 찾는 것만큼 어려운 일이다. 고도의 지질학적 기법이 사용되고, 과거 기록을 바탕으로 탐사를 해야 하기 때문에 엄청난 경험과 기술이 모두 필요한 영역이다. 게다가 비록 유전을 찾았다 하더라도 경제성 있는 규모인지 알아보기 위해 적절한 장소에서 시험 채굴을 해야 하는데 이 또한 성공 확률이 낮고, 비용이 많이 들고, 최적의 장소를 찾아야 하는 어려운 작업들이 남아 있다. 따라서 원유 탐사와 채굴은 기술과 경험이 풍부한 대기업에서나 가능하다. 이런 이유로 석유 시장을 마음대로 휘두를 수 있는 일곱 자매라는 초대형 석유 회사가 탄생하게 된 것이다.

일단 유전이 발견되고, 매장량에 경제성이 있다고 판단되어도, 이 유전의 기름을 뽑아내는 일은 또 다른 도전 과제이다. 유전이 있는 지역에 따라서(바다, 사막, 암반, 동토 등), 내부 암반 지형에 따라서, 그리고 주변 기후에 따라서 채굴 기술 또한 달라지기 때문이다. 흔히 유전을 마치 수영장에 채워 놓은 물처럼 생각하기 쉽다. 여러 교육용 책에서도 이해를 돕기 위해 그렇게 간단히 설명하고 있지만, 실제로 유전 속 석유는 수영장에 구멍이 숭숭 뚫린 스펀지를 담아 넣은 것과 비슷하다. 그래서 석유는 스펀지를 쥐어짜듯이 해야만 지상으로 내보낼 수 있다. 또한 예상할 수 있듯이 시간이 지날수록 채굴량은 적어지게 된다. 그래서 유전은 어느 정도 채굴이 진행되면 경제성 때문에 석유가 남아 있어도 더 이상 채굴하지 않는다.

그런데 최근 들어 유전에 남아 있는 소량의 석유를 효과적으로 채굴하는 기술이 발전함에 따라 유전에서 석유를 채굴하는 회수율이 높아지게 되었다. 그러다 보니 시장에서 석유 가격이 폭등하게 되면 기존에 버려진 유전에서 소량이라도 채굴하려는 기업들이 나타나게 되었다. 이렇듯 유전은 탐사에서부터 시추, 채굴 과정 전반에 걸쳐서 여러 위험 요소가 따르기 때문에 기술과 자본, 경험이 있는 기업만 할 수 있는 사업 영역이 되어버린 것이다.

1950년대부터 석유 붐이 일어나면서 아랍권의 이란, 사우디아라비아는 자국의 경제 발전을 위하여 기술과 자금이 있는 대기업이 필요하게 되었다. 또한 다국적 기업은 산유국에서 유전 개발에 필요한 여러 행정적, 정치적 장애물을 쉽게 처리하기 위해서 산유국 정부와 긴밀한 협조가 필요했다. 소위 말하는 '정경유착'이 생기게 된 것이다. 그래서 석유 채굴은 기술적 영역이기도 하지만, 동시에 정치적 영역이 되기도 한다. 일곱 자매는 단합해서 전 세계 유가를 조절하는 가격 카르텔을 시행하면서 천문학적인 경제적 이득을 챙겼다. 산이 높으면 골이 깊다는 속담대로 비윤리적인 카르텔로 얻은 엄청난 이득은 일곱 자매를 끝없는 탐욕에 빠지게 했고, 마침내 화를 불러왔다. 세계 유가를 조절하는 가격 카르텔을 파괴한 엑슨의 돌출 행동으로 산유국들에게 일곱 자매에 대항할 수 있는 빌미를 제공한 것이다.

1960년 산유국들은 '공정한 가격'이라는 푯말 아래 석유 수출기구, 그 유명한 오펙을 결성했다. 이로 인하여 석유를 둘러싼 산유국과 다국적 기업의 갈등은 1973년, 그리고 1978년 전 세계를 강타한 '오일 쇼크'로 이어진다. 오펙은 '감산'이라는 한 가지 수단으로 전 세계 석유 가격을 정했다. 일곱 자매의 탐욕과 오펙의 석유 가격 결정권 싸움 때문에 석유 한 방울 나지 않지만, 중화학 공업을 기반으로 수출을 하는 우리나라의 입장에서는 그 부정적 영향을 고스란히 받을 수밖에 없었다. 고래 싸움에 새우등 터진다는 속담이 바로 우리나라가 처한 상황이 된 것이다. 그래서 그 후로 우리나라는 산유국에서 '감산'이라는 단어가 나올 때마다 경제의 주름살이 하나씩 늘어났다. 따라서 석유에 크게 의존하고 있는 우리로서는 석유에 대한 지식이 필수적이다. 적을 알아야 전쟁에서 승리할 수 있기 때문이다.

석유, 가장 완벽한 화석 연료

권터 바루디오가 쓴 『악마의 눈물, 석유의 역사』라는 책은 석유와 석유의 역사에 대한 광범위한 지식을 다룬 꽤 두꺼운 책이다. 이 책에서 가장 인상 깊었던 내용은 석유는 가장 완벽한 화석 연료라는 점이다.

화석 연료는 크게 석탄, 석유, 천연가스로 나눈다. 석탄은 주로 화력 발전소에서 전기를 만드는 데 사용되고, 석유는 자동차, 선박, 비행기의 운송용 연료로 사용된다. 천연가스는 가정의 난방과 취사에 주로 사용된다. 잘 알다시피 석탄은 고체이고, 석유는 액체, 천연가스는 기체이다. 석탄은 고체라 보통 기차나 배, 트럭으로 운송하는 데 불편이 따르고, 연소 과정에서 나오는 재와 오염 물질을 처리하는 데 어려움이 있다. 특히 최근 석탄 화력 발전소에서 배출되는 배기가스에 포함된 미세 먼지는 우리 건강을 위협하는 환경 오염 물질이기도 하다.

천연가스는 석유나 석탄보다 오염 물질은 적지만, 기체이기 때문에 생산하는 곳에서 소비하는 곳까지 운송을 위해서는 반드시 압축을 통해 부피를 줄여야만 한다. 그렇지 않으면 에너지 밀도가 너무 낮아서 에너지로서의 가치가 없다. 그런데 이런 기체의 압축 과정에 들어가는 비용과 압축된 천연가스를 잡아두는 압력 용기는 높은 압력, 낮은 온도를 유지해야 하므로 용기의 가격 또한 석유를 담는 용기보다 비싸다. 즉 고압의 압축 설비와 고압에 견디는 용기가 있어야 하기 때문에 천연가스는 고압 용기를 갖춘 특수한 용도의 트럭이나, 배, 파이프라인을 통해서만 이송이 가능하다. 천연가스는 석유보다 이송에 필요한 고압용 설비가 많이 필요하기에 석유보다 가격이 비싸다.

반면 석유는 단위 부피당 에너지 밀도가 가장 높고, 저장 용기에 넣거나 파이프를 통해서 운송할 경우에도 석탄이나 천연가스에 비하여 압축이나 특수 용기가 필요하지 않기 때문에 손쉽게 이송 작업을 할 수 있다. 석유는 배나 기차, 트럭, 파이프라인 모두 이송이 가능하며, 석유의 이송에는 값싼 펌프 하나면 충분하다. 이런 유통의 편리함으로 사람들이 선호하게 된 것이다. 그래서 석유는 자동차 연료로 사용하기에 가장 적합한 화석 연료이다. 우리 주위에 영업용 택시 연료인 LPG 충전소가 드문 이유도 바로 이런 유통의 어려움 때문이다.

물론 석유를 화력 발전소의 발전 연료로 사용할 수도 있지만, 화력 발전은 석탄을 사용하는 것이 원료 가격 측면에서 가장 경제적이다. 최근 들어 석탄에 비하여 이산화탄소 배출이 적고, 황산화물, 미세 먼지 배출이 적은 가스 화력 발전소가 석탄 화력 발전소를 대체하는 추세이긴 하지만, 천연가스는 석탄에 비하여 가격이 비싸다. 더구나 가격 변동성이 석탄보다 크기 때문에 천연가스 화력 발전으로 바꾸는 것은 경제성보다는 환경을 우선 생각하는 정책이라고 할 수 있다.

하지만 자동차로 대표되는 내연 기관 또한 이산화탄소 배출이 많고, 각종 오염 물질을 배출함에도 불구하고 천연가스로 교체하지 못하는 이유는 바로 앞서 이야기한 에너지 밀도의 문제 때문이다. 화석 연료를 태워서 전기를 생산하는 화력 발전은 석탄, 석유,

천연가스 모두를 원료로 사용할 수 있다. 물론 가격 측면에서 석탄이 선호되지만 원료 수급에 문제가 있을 때에는 언제나 다른 연료로 대체가 가능하다. 또한 가정의 난방, 온수, 취사에 필요한 화석에너지 또한 석탄, 석유, 천연가스 모두 사용이 가능하다. 내 경험으로도 초등학교 때 학교 난방은 석탄 난로를 사용했고, 조금 시간이 지나서는 석유난로로 난방을 했다. 즉 열이 필요한 경우에는 어떤 종류의 화석 연료든 가능하다는 것이다. 그런데 자동차 연료만큼은 다른 연료로 대체할 수 없다는 데 문제가 있다. 즉 석탄이나 천연가스는 자동차 연료의 대용품이 될 수 없다는 뜻이다.

결론적으로 자동차에 필요한 화석 연료는 액체 상태인 가솔린, 디젤 이외에는 대안이 없다. 그래서 화석 연료의 부족은 항상 석유 부족(자동차 연료인 가솔린, 디젤)이라고 할 수 있다. 우리가 '오일 쇼크'라고 부르는 1973년과 1978년의 유가 변동은 모두 자동차에 공급되는 석유의 공급 부족으로 발생했다. 두 번에 걸친 오일 쇼크는 전 세계에 엄청난 경제적 위기를 가져왔다. 석유의 중요성은 같은 화석 연료인 석탄이나 천연가스와는 질이 달랐다.

두 번의 오일 쇼크 이후, 땅이 넓은 나라들은 대부분의 교통수단을 승용차에 의존하고 있기 때문에 자동차 연료 부족이라는 에너지 위기에 대비하기 위해서 석유 확보에 혈안이 되었다. 특히 유럽이나 미국같이 생활 수준이 높은 나라는 자동차에 대한 의존도가 매우 높기 때문에 석유 확보는 더욱 민감한 국가의 주요 의제가 되었다. 한때는 석탄이나 천연가스에서 화학적 변화를 통하여 석유를 생산하려는 연구가 전 세계에서 폭발적으로 이루어졌지만 대부분 경제성 때문에 실패하였다. 우리나라 또한 1988년 '대체에너지 개발촉진법'(약칭: 신재생에너지법)을 만들어 화석 연료의 수요(특히 석유)를 줄이려는 노력을 하였으나 크게 성공을 거두지는 못했다. 앞서 이야기했듯이 석유가 가지는 장점을 갖추면서 경제성을 가진 다른 에너지원을 찾기가 어려웠기 때문이었다. 한마디로 말해서 석유의 성능과 가격에 비교할 만한 대체 에너지 개발이 이루어지지 못한 것이다. 그래서 석유를 완벽한 화석 연료라고 부르는 것이다.

하지만 최근에 전 세계적으로 자동차의 폭발적인 증가로 인하여 가솔린과 디젤을 사용하는 내연 기관의 문제점(이산화탄소 및 오염 물질 배출)이 심각한 수준에 이르자, 이 문제를 해결하는 방안으로 전기 자동차가 다시 등장하게 되었다. 전기 자동차는 기존의 내연 기관 자동차의 단점을 완벽하게 보완하고 있다. 하지만 전기 자동차의 보급이 우리가 처한 환경 문제, 기후 변화를 모두 해결하기에는 아직 갈 길이 멀다. 전기 자동차에 대해서는 나중에 제5장 자동차의 미래에서 상세히 논의할 것이다. 어쨌든 전기 자동차는 배터리 충전을 위한 전기 보급이 문제가 되고 있지만, 이 문제를 극복하고 세계적으로 보급이 확대된다면, 우리는 지긋지긋한 석유와의 전쟁을 끝낼 수 있을 것이다. 그리고 석유는 아마도 석유 화학 제품의 원료로서만 사용되고, 내연 기관 연료로서의 역할은 끝나게 될 것이다. 이렇게 된다면 전기 자동차는 증기 기관 이후로 우리 삶을 다시 한 번 크게 바꾸는 계기가 될 것이다.

석유의 다양한 모습

석유는 우리의 생활필수품이 된 것처럼 익숙하지만, 그것이 우리에게 도달하기까지 과정을 살펴보면, 미처 몰랐던 많은 사실들을 알 수 있다. 이제 화석 연료 중에서 독보적인 위치를 차지하고 있는 석유의 다양한 모습을 살펴보자.

석유는 지역적 편재가 심한 만큼 채굴되는 지역에 따라서도 품질이나 특성이 다르다. 그 이유는 플랑크톤과 같은 생명체가 퇴적되어서 오랜 시간 지열과 지압에 숙성되어 형성된 것이라는 이론이 유력하다. 퇴적물의 종류나 시기, 지리적 특성에 따라서 형성되는 석유의 물리적, 화학적 특성 또한 다를 수밖에 없다는 것이다.

현재 세계 유가를 결정하는 원유는 세 가지다. 아랍 에미리트 지역의 유전에서 나오는 두바이유, 영국의 북해 유전에서 나오는 브렌트유, 미국 서부 텍사스 경질류(WTI)가 있다. 신문에서 자주 볼 수 있는 원유의 이름들이다. 이중에서 우리나라가 수입하는 원유의 70% 정도는 두바이유이며, 다른 두 종류의 원유에 비해 황 성분이 다소 높기 때문에 가격이 조금 저렴하다. 하지만 우리나라 정유 공장은 대부분 탈황 시설이 잘 갖추어져 있기 때문에 고유황 성분의 원유를 정제하여 휘발유나 디젤로 만드는 데 아무런 문제가 없다. 그리고 지역적으로도 다른 두 지역보다는 아라비아 지역이 우리나라까지 운송 거리가 가깝기 때문에 중동산 원유를 선호할 수밖에 없다.

원유를 나누는 기준은 크게 두 가지로 볼 수 있다. 하나는 비중으로 분류하는데, 비중이 0.904 이상인 것을 중질유(重質, heavy)라고 하고, 0.83 이하인 것을 경질유(輕質, light)라고 한다. 그리고 그 중간 비중을 가지는 것을 중질유(中質)라고 한다. 비중이 가벼운 경질 원유는 끓는점이 낮은 성분을 많이 포함하고 있어 휘발유, 경유, 등유가 많이 나오기 때문에 고급 원유라고 할 수 있다.

또 다른 기준으로는 유황 성분에 따른 분류이다. 유황 성분이 0.24%인 WTI와 유황 성분이 0.37%인 브렌트유는 스위트유(sweet)라고 하고, 유황 성분이 2.04%인 두바이유는 사워 원유(sour)라고 한다. 당연히 유황 성분이 많은 원유는 정제 전에 탈황 과정을 거쳐야 하기 때문에 생산에 추가 비용이 든다. 얼핏 보면 우리나라는 유황 성분이 많은 두바이유를 사용하기 때문에 탈황 공정에 대한 추가 비용으로 황 성분이 적은 원유를 정제하는 공장보다 정제 마진이 적을 것이라고 생각할 수 있다. 하지만 저유황 원유를 정제하는 미국이나 유럽에서 가솔린이나 디젤의 수요가 크게 증가하면, 자국의 정유 공장에서는 탈황 시설이 없기 때문에 부족한 가솔린, 디젤유는 외국에서 수입해야만 한다. 그런데 부족한 가솔린이나 디젤을 생산하기 위해서 두바이유를 추가적으로 수입해서 정제하려고 해도, 자국 대부분의 정유 시설에는 탈황 시설이 없기 때문에 환경 규제에 적합한 가솔린, 디젤을 생산할 수 없게 된다.

하지만 우리나라는 모든 정유 공장에 탈황 시설이 있기 때문에 탈황이 필요한 두바이유는 정제 전에 탈황을 하고, 탈황이 필요 없는 브렌트유나 WTI 원유는 바로 정제를 할 수 있다. 즉 원유의 종류에 상관없이 모두 정제할 수 있는 설비와 기술을 갖추고 있는 것이다. 그래서 우리나라의 대표적인 정유사인 SK에너지와 GS칼텍스가 생산량의 50% 정도를 해외에 수출할 수 있다. 우리나라가 산유국이 아님에도 석유 제품을 수출할 수 있는 이유가 바로 이런 탈황 설비를 갖춘 정유 공장을 보유하고 있기 때문이다.

대형 유조선과 우리나라

앞서 언급한 『악마의 눈물, 석유의 역사』라는 책에서 석유와 관련된 한국에 대한 이야기는 약 두 쪽 정도 언급하고 있다. 바로 대형 유조선 건조이다. 대형 유조선은 한 번의 항해로 대량의 원유를 나를 수 있기 때문에 규모의 경제라는 관점에서 매우 경제적인 선택이다. 이 책에서는 전통적인 해양 강국이었던 노르웨이, 그리스, 일본을 물리치고, 가장 저렴한 가격과 짧은 건조 기간으로 대형 유조선을 만들어내는 우리나라 조선 산업을 경이적으로 묘사하고 있다. 이런 대규모 유조선의 건조는 세계의 원유 물동량을 증가시키면서 각국 산업 발전에 큰 기여를 한 것으로 평가되었다. 역설적으로 우리나라는 석유 한 방울 나지 않는 석유 빈국이지만, 전 세계 석유 산업 발전에 한몫한 것이다. 선박을 통한 원유의 수송은 보통 몇 개월이 소요되는 시간과의 싸움이다. 따라서 한 번에 실을 수 있는 원유의 양이 많다는 것은 그만큼 경제성을 확보한다는 것이기 때문에 유조선은 점점 대형화하기 시작했다.

대형 유조선은 매우 유용한 운송설비이지만, 한 번 사고가 나면 그 피해 또한 매우 엄청나다는 문제가 있다. 우선 대형 유조선이 바다 또는 해안에 침몰하면, 심각한 규모의 해양 오염이 발생한다. 육지와 달리 해양에서는 오염 물질의 처리가 매우 어려울 뿐

아니라, 장기간 지속된다는 문제가 있다. 특히 바닷물 위에 얇은 기름막이 형성되면 햇빛이 바다로 투과하지 못하기 때문에 바다 생태계에 매우 나쁜 영향을 주게 된다. 유조선 침몰에 따른 가장 큰 해양 오염 사건은 1989년 3월, '엑슨 발데즈'라는 유조선이 알래스카 해안에서 좌초되면서 24만 배럴의 원유가 유출된 사고였다. 이 사고는 자연의 보고였던 알래스카 국립 공원 해안을 크게 오염시켰다.

또한 2007년 우리나라 태안 앞바다에서 크레인선과 유조선이 충돌하면서 원유 10,000톤이 바다로 유출된 사고(삼성1호-허베이 스피릿 호 원유 유출 사고)가 있었다. 이 원유 유출로 태안 앞바다의 어류와 갯벌은 직접적인 피해를 입었고, 피해 복구를 위한 정부의 대책과 민간단체의 자원봉사 등 엄청난 노력으로 사고 발생 후 7년이 지나서야 해안 생태계가 어느 정도 원상태로 돌아왔다는 보고가 있었다. 이런 경험을 통해서 해안 생태계가 다시 원상으로 돌아오는 데 얼마나 긴 세월이 필요했는지 기억하면 해양 오염의 심각성을 잘 알 수 있다.

사실 석유 오염은 단지 유조선의 침몰에 의한 해양 오염에만 국한되지는 않는다. 석유는 유전에서 채굴하는 과정에서도 유출이 되어 인근 땅과 바다를 오염시키고, 유조선뿐만 아니라 기차나 유조차로 운반하는 과정에서도 부주의한 관리나 시설 고장으로 유출되어 인근의 토지와 수질을 오염시킨다. 또한 석유를 정제하는 정유 공장에서도 미분리된 부생가스(주로 수소와 메탄 혼합물)를 굴뚝에서 태움으로써 대기 오염을 일으키고 있다. 마지막으로 소비자가 이용하는 주유소에서도 적은 양이지만 주유 과정에서 증발이 발생하여 끊임없이 토양과 공기 오염을 일으키고 있다.

우리가 일상적으로 사용하는 석유가 어떤 경로를 거쳐서 우리에게 전달되고, 그 과정에서 어떤 환경 오염을 유발하는지를 아는 것은 매우 중요하다. 앞서도 이야기했지만, 세상에 거저 얻는 것은 없다. 자연에서 얻는 물질의 생산과 사용 과정에는 반드시 빛과 그림자가 동시에 존재한다.

내연 기관 자동차와 석유

이쯤에서 자동차로 대표되는 내연 기관과 석유와의 관계를 살펴보자. 내연 기관은 화석 연료를 연소할 때 나오는 발열로 실린더 안에 있는 기체의 부피를 팽창시켜서 그 과정에서 기계적 일을 얻어내는 장치이다. 따라서 어떤 화석 연료를 쓰든 실린더 안의 기체를 열로 팽창할 수 있으면 내연 기관의 연료로 사용이 가능하다. 우선 석유를 살펴보면 석유는 분별 증류를 통해서 가솔린, 디젤, 제트유를 생산한다. 가솔린은 가솔린 엔진용이고, 디젤은 디젤 엔진용, 제트유는 제트 비행기 엔진용이다. 주로 승용차용 자동차 연료로 사용되는 가솔린이나 버스, 트럭, SUV 차량처럼 큰 힘을 필요로 하는 자동차 연료로 사용되는 디젤은 상온에서 액체 상태이며 에너지 밀도가 높다.

천연가스 또한 내연 기관 연료로 사용하는 데 큰 문제는 없지만 천연가스는 상온에서 기체이기 때문에 에너지 밀도가 낮다. 그래서 적정 거리를 달릴 수 있는 자동차 연료로 사용하기 위해서는 질량을 늘려야 하기 때문에 반드시 고압으로 압축하고, 그것을 특수한 압축 용기에 담아야 한다. 즉 가솔린이나 디젤이 가지고 있는 에너지 밀도와 비슷한 정도의 에너지 밀도를 가지려면 천연가스는 약 200기압 정도로 압축한 다음 고압을 견디는 고압 탱크에 넣어야 한다. 우리가 일상적으로 볼 수 있는 식당에서 사용되는 프로판가스 압력 용기는 약 30기압 정도로 압축되어 있다. 따라서 무거운 자동차를 장시간 운행하기 위해서는 그보다 훨씬 많은 천연가스가 용기에 채워져야 하고, 그러기 위해서는 프로판가스보다 훨씬 높은 압력으로 많은 천연가스를 압축해야 한다.

즉 천연가스 자동차는 석유 자동차보다 천연가스 압축 시설과 압축된 천연가스 보관용 압력 용기가 추가로 더 필요하다. 따라서 천연가스를 자동차 연료로 사용하는 것은 경제적 측면에서 불리하다. 하지만 버스에 천연가스를 사용하는 것은 승용차에 적용하는 것과는 다르다. 천연가스를 버스 연료로 사용하면 과거 버스에 사용되던 디젤 엔진이 배출하는 환경 오염 물질인 질소 산화물(NO*x*,)과 미세 먼지를 대폭 줄일 수 있기 때문에 대기 질이 좋아지는 장점이 분명하다. 특히 대도시에서 운행하는 버스에 적용하면 가장 효율적인 대기 질 개선 효과를 가져올 수 있다. 우리가 시내에서 보는 천연가스 버스(NGV 또는 CNG라는 표시가 있다)는 바로 이런 장점을 살리기 위해 서울시에서 몇 년 전부터 시행하고 있다. 개인적으로 서울시가 만든 정책 중에서 가장 우수한 환경 및 교통 정책이라고 생각한다. 디젤 버스를 대체한 천연버스 운행 이후로 서울의 대기 질은 확연히 좋아졌다.

승용차가 아닌 버스에 천연가스를 연료로 적용할 수 있는 이유는 다음과 같다. 우선 버스는 출발지와 종점이 있고, 두 구간을 달리는 주행 거리가 일정하다. 따라서 한 번 주행에 필요한 천연가스의 연료량이 쉽게 예측되기 때문에 이에 알맞은 압축 용기의 크기를 쉽게 설계할 수 있다. 그리고 천연가스 충전소를 버스 종점에 설치하고 매회 버스가 종점에 도착할 때마다 다른 곳으로 이동하지 않고 천연가스를 충전할 수 있기 때문에 경제성을 높일 수 있다. 게다가 버스는 공간의 여유가 있기 때문에 대형 압력 용기를 버스 지붕이나 하부, 또는 뒤에 설치하기 용이하다. 따라서 이런 천연가스의 활용은 버스와 유사한 환경, 즉 장거리 화물차나 우편배달 차량에도 확대 적용할 수 있을 것이다.

하지만 버스와 달리 승용차의 경우에는 매일의 주행 거리를 예측하기 어렵기 때문에 충전소를 찾는 일이 문제점이 된다. 게다가 고압의 압력 용기가 자동차 트렁크 대부분을 차지하기 때문에 소비자의 입장에서는 짐을 실을 공간이 부족하게 된다. 우리가 애용하는 택시 중에서 LPG로 운행되는 택시가 적은 이유도 바로 LPG 충전소를 찾기가 어렵고, 트렁크에 넣을 짐칸이 부족하기 때문이다. 하지만 압축 설비와 압축 용기에 대한 기술이 점차 발전하면서 자동차 연료로서 천연가스의 활용은 확대될 것이다. 아울러 또 하나 극복해야 할 문제는 천연가스를 자동차나 버스 연료로 사용하는 데 도심이나 고속도로에 고압의 천연가스 충전소 설치에 따른 대중의 저항 심리이다.

일반적으로 사람들은 흔히 고압이라는 단어만 들어가도 위험하다고 생각하고, 이에 대하여 공포심을 갖고 있다. 하지만 지금의 공학 기술로 약 200기압의 천연가스를 사고의 위험 없이 안전하게 다룰 수 있는 기술은 거의 완벽하다고 할 수 있다. 사람이 고의로 설비를 파괴하지 않는 한, 폭발이나 화재 같은 사고는 일어나기 어렵다. 디젤 대신 천연가스를 연료로 사용함으로써 얻는 환경적 이득은 고압가스 설치로 인한 폭발의 두려움이 가져오는 심리적 불안에 대한 안전성을 높이는 비용을 고려하더라도, 경제적으로 보다 바람직하다. 그렇게 되면 항상 공급 부족이라는 심리적 불안감을 주는 디젤의 수요는 줄어들게 되어 있다. 그러면 원유를 모두 수입에 의존하는 우리나라의 경제적 측면에서도 좋고, 대기 오염 방지 측면에서도 좋다. 그야말로 꿩 먹고 알 먹기다.

석유 왕 록펠러

석유가 오늘날 이렇게 중요한 자원으로 성장한 배경에는 석유왕이라고 불리는 존 록펠러의 역할을 빼놓을 수 없다. 한 사람의 야망과 탐욕이 석유를 세상에서 가장 중요한 원자재 중 하나로 만든 것이다. 1839년에 태어난 록펠러는 미국의 스미소니언이 선정한 미국 역사상 가장 중요한 인물 중 한 명으로 선정되었다. 그는 석유 시장을 확대하고, 보급하는 데 가장 큰 기여를 한 사람이다.

석유는 1859년 미국 펜실베이니아주의 타이터스빌이라는 마을에서 처음으로 채굴되었다. 당시 석유의 용도는 선박용 보일러 연료와 등유, 그리고 의료용 연고 재료였다. 아직 전등이 발명되지 않은 시절이라 등유는 가정이나 건물, 거리의 밤을 밝히는 데 아주 유용하게 사용되고 있었다.

록펠러의 탁월함은 바로 석유의 진가를 알아차린 데 있다. 대부분의 석유 사업자들이 석유 유전을 찾고 채굴에 집중하는 사이에, 그는 석유를 상품화하는 방법은 석유를 원산지부터 정유 공장, 그리고 그곳에서 값을 지불하는 고객에 이르기까지 안전하게 운반하는 일이라는 신념을 가지고 운송과 정제에 집중하였다. 즉 소위 석유 산업의 다운스트림이라고 하는 석유의 정제 및 운송을 주요 사업으로 삼았던 것이다. 끊임없는 확장과 경쟁을 통해서 미국을 석유 산업의 정상으로 올려놓았다. 그러나 검소함과 절약으로 청교도적인 삶을 살았던 그가 후대에 사람들로부터 많은 비난을 받은 이유는 사업에서의 철저함과 무자비함 때문이었다.

그는 석유 산업의 다운스트림을 독점하고자 경쟁자가 나오기만 하면 그 경쟁자가 쓰러질 때까지 경쟁을 멈추지 않았다. 그래서 그의 별명이 바로 유명한 '아나콘다'였다. 상대가 쓰러질 때까지 결코 경쟁을 포기하지 않았다. 그가 사용한 경쟁자 없애기 전략은 두 가지였다. 하나는 석유 운송 사업에서 '리베이트'라는 방식을 처음 사용한 것이다. 즉 명목상으로는 경쟁사와 비슷한 운송료를 지불하지만 운송업체가 목적지에 석유를 잘 운송한 것이 확인되면 운송료의 일부를 다시 돌려주는 방식으로 경쟁업체를 도산시켰다. 나중에는 송유관이라는 새로운 석유 운송 시스템을 만들어서 석유 운송 사업에서 모든 경쟁자를 쓰러트렸다.

둘째, 석유 판매에 있어서는 가격 파괴 전략을 사용하였다. 그는 당시에 난립했던 100개 정도의 석유 관련 기업을 모두 쓰러트렸는데, 당시 그가 소유한 '스탠더드 오일'은 갤런당 30센트였던 석윳값을 갤런당 6센트로 파격적으로 인하해 순식간에 모든 경쟁자들을 절망하게 했다. 이런 가격 파괴 전략은 소비자에게는 좋은 품질의 석유를 값싸게 구매하는 이득도 있었지만, 또 하나 좋은 점은 석유 가격 하락으로 석유등에 사용하던 등유의 대체품이었던 고래기름의 수요가 감소한 것이다. 소설 『모비딕』의 배경이 되는 1850-1860년에 가장 왕성하게 번성했던 포경업은 록펠러가 등유 가격을 파격적으로 내리자 쇠퇴기에 접어들었다. 록펠러 덕분에 고래의 멸종을 막을 수 있었던 셈이다. 기술이 자연을 구한 것이다.

사실 석유가 우리 삶에서 중요한 위치를 차지할 수 있는 요인 중 하나는 바로 정유 기술이다. 땅에서 채굴한 원유는 알다시피 악취가 나고 끈적끈적한 검은 액체이다. 어떤 사람은 원유를 '검은 황금'이라고 했지만, 그것은 원유가 가공된 후의 이야기다. 원유 그대로는 상품 가치가 전혀 없다. 이것을 우리가 사용할 수 있는 유용한 성분으로 바꾸는 것이 바로 정유 기술이다. 그래서 록펠러는 정유 산업과 석유 유통 사업에 집중한 것이다.

당시 가정이나 사업장에서 사용하는 등은 가스등이었는데 석탄에서 얻은 가스를 사용했기 때문에 냄새가 심하고 가끔 폭발이 일어났다. 그런데 록펠러의 '스탠더드 오일'의 등유는 원유를 정제하는 정유 기술을 지속적으로 연구했기 때문에 가스등의 단점이 모두 해결된 양질의 연료를 생산할 수 있었다. 회사 이름이 '스탠더드 오일'이라는 것은 자신의 제품이 제품으로서 가져야 할 표준적인 성능을 가졌다는 뜻이었다. 이런 점에서 우리는 사업가로서 그의 탁월한 자질을 엿볼 수 있다.

게다가 1885년 다임러의 디젤 엔진과 1886년 벤츠의 자동차가 발명되면서 자동차에 필요한 연료에 관심이 커지게 되었다. 드디어 1903년에 설립된 미국의 포드 자동차에서 대량으로 자동차가 생산되면서 자동차 연료로서 석유 수요는 폭발적으로 증가하였다. 이미 정유 산업과 석유 유통업을 장악하여 전 세계 원유 공급의 90%를 공급하던 '스탠더드 오일'은 그야말로 날개를 단 것처럼 자동차 연료 공급으로 폭발적으로 성장하게 된다. 하지만 거의 전 세계 석유 시장을 독점한 상태였던 록펠러의 '스탠더드 오일'의 시장 독과점은 결국 정치적 문제가 되어서 1911년 미국 의회가 제정한 반독점법에 의하여 무려 34개 회사로 분할된다. 그중 몇 개가 우리가 아는 거대 기업 엑슨, 모빌, 세브론이다.

그 후 엑슨은 1940년에 미국 MIT 화학공학과 교수들과 공동 연구로 '유체 촉매 크랙킹(fluid catalytic cracking)'이라는 신공정을 개발하여 원유에서 가솔린 생산을 극대화시켰다. 이런 신기술 덕분에 록펠러의 자존심이라고 할 수 있는 정유 기술에서 엑슨(구 '스탠더드 오일')은 정상의 자리를 지키게 되었다. 록펠러는 50세 중반에 암에 걸려서 시한부 선고를 받자 자선 사업을 시작했고, 그 덕분인지 몰라도 40년을 더 살았다. 그는 시카고 대학과 록펠러 대학을 설립했고, 의학과 과학 분야를 지원하는 록펠러 재단도 설립했다. 한 가지 흥미 있는 사실은 록펠러의 정유 산업에서 큰 수익은 등유 판매였는데, 1887년 에디슨이 전기로 켜지는 백열등을 발명하자 이를 막기 위해 많은 노력을 했다는 것이다. 하지만 그의 노력에도 불구하고 가정을 밝히는 등은 더 이상 고래 기름이나 등유가 아닌 전기를 사용하는 백열등으로 바뀌게 되었다. 하지만 록펠러의 정유 산업은 자동차 연료와 플라스틱으로 대표되는 석유 화학으로 또다시 번성하게 되었다.

록펠러가 석유 산업에 기여한 가장 큰 공로는 낮은 가격으로 석유를 공급했다는 것이다. 비록 경쟁자를 물리치기 위해 사용한 전략이었지만 일반 소비자 입장에서는 반가운 소식이 아닐 수 없다. 그리고 석유의 시추에서 석유 제품을 소비자에게 판매하는 과정까지 빠른 시간에 석유 산업의 수직 계열화를 이루어 석유 시장의 안정화를 가져왔다는 것이다. 하지만 리베이트라는 좋지 못한 방법으로 시장의 공정한 경쟁 체계를 교란하고, 우월한 시장 지배 상황을 이용하여 독과점이라는 불공정한 경쟁 행위로 소비자에게 피해를 줄 수 있는 폐단이 생겨났다. 록펠러의 이런 사업 전략은 지금까지도 이어져서 자본주의의 병폐로 남아 있다.

사실상 석유가 한 나라의 경제를 위협하는 무기로 작용한 것은 1973년의 제1차 오일 쇼크부터이다. 그전까지 전 세계적으로 대중은 필요한 석유를 적절한 가격에 구매하는 데 큰 문제가 없었다. 그러나 여러 정치적 설명이 따라오겠지만, 다국적 기업의 석유 가격 카르텔에 대항하는 산유국의 모임인 오펙이 영향력을 발휘하면서 석유는 중요한 산업 원재료에서 정치적 무기가 된 것이다. 석유는 석탄을 대체하는 연료로 등장하여 그 후 자동차 연료와 석유 화학으로 이어지는 다양한 산업에서 소재와 기초 재료의 원료가 되었지만, 결국 과도한 사용으로 정치적 무기로 변질되는 상황에 이르게 되었다.

석유 산업의 초기에 석유가 이토록 강력한 경제적, 정치적 무기가 될 것이라고는 아무도 예측하지 못했을 것이다. 석유의 역사는 어쩌면 인간의 탐욕을 보여주는 한 장면이 되었다.

제3장

우유와 치즈, 에너지 다소비 산업

우유는 우리에게 지방과 단백질을 공급하는 우수한 영양 공급원이다. 하지만 과거에는 현재와 같은 저온 살균법이 존재하기 않았기 때문에 오랜 기간 보관할 수 없다는 치명적인 단점이 있었다. 그래서 중세부터 우유의 이런 단점을 극복하기 위하여 장기간 보관이 가능하면서도 우유의 좋은 영양분을 보존할 수 있는 방법을 찾아서 만든 것이 바로 버터와 치즈다. 이런 경우 치즈와 버터는 우유의 부가 가치를 높게 만든 상품이 된다. 석유 산업에서도 이와 유사한 경우를 볼 수 있다. 바로 원유의 다양한 가공을 통해서 원유(crude oil)의 부가 가치를 높이는 상품을 만드는 정유 산업이 바로 그것이다. 원유의 가공은 악취가 나고 볼품없는 끈적끈적한 검은 액체를 황금으로 바꾸는 작업이다. 여기서는 정유 산업뿐만 아니라 우리에게 필요한 것들을 만드는 여러 산업 중에서 대표적인 에너지 다소비 산업을 통해서 에너지 사용의 문제점을 살펴보도록 하자.

정유와 석유 화학

우리가 알고 있는 석유 화학 관련 기업들을 보면, 크게 정유 산업과 석유 화학 산업으로 나누어진다. 두 가지 산업 모두 원유를 가공하여 고부가 가치가 있는 석유 화학 제품을 만드는 산업이다. 쉽게 이야기하면 정유 산업은 원유를 촉매로 분해하여 주로 수송용 원료인 가솔린, 디젤을 생산하는 산업이다. 우리나라의 대표적인 기업으로는 SK에너지, GS칼텍스, S-Oil, 오일뱅크가 있다. 정유 산업은 현재 전 세계에서 달리고 있는 약 15억 대의 자동차, 버스, 트럭에 필요한 가솔린과 디젤을 공급하는 산업이다. 또한 선박, 비행기에 필요한 연료도 공급한다.

어느 나라든지 생활 수준이 향상되면, 곧바로 증가하는 것이 자동차 수요이다. 자가용 자동차가 가지는 편리함은 모두가 알다시피 한번 익숙해지면 벗어나기 어려운 유혹이다. 자가용 자동차는 일정한 시간표가 있는 대중교통 수단과는 달리 원하는 시간에 언제든지 출발할 수 있어서 시간에 대한 제약이 없고, 타인과의 접촉을 피할 수 있고(버스나 기차의 옆자리 승객과의 접촉을 피하는 것), 친숙한 사람들과 오랜 시간 함께하면서 좋은 추억을 만들 수도 있고, 목적지까지 바로 갈 수 있다. 게다가 요즘에는 부와 신분의 상징이 되기 때문에 더더욱 모두가 자가용을 가지려고 하고 있다. 그래서 자동차 산업은 인류의 발전과 함께 꾸준히 발전할 수밖에 없다.

따라서 정유 산업 또한 이러한 자동차에 대한 일반인들의 지속적인 사랑과 열망에 힘입어 꾸준한 성장을 해왔다. 나중에 자세히 언급하겠지만, 현재 사용하고 있는 내연 기관 자동차가 가지고 있는 문제점으로 인하여 전기 자동차로의 전환이 대대적으로 이루어지면 정유 산업은 당연히 쇠퇴하게 될 것이다. 하지만 전기차가 내연 기관 자동차를 밀어내고 자동차의 주력이 되는 시기가 언제가 될지에 대한 예측에는 여러 변수가 존재한다. 따라서 정유 산업은 아직은 쇠퇴기가 아니다.

한편 석유 화학 산업은 원유를 열분해하여 다양한 화학 제품의 소재를 생산하는 산업이다. 주요 생산품은 우리가 흔히 플라스틱이라고 하는 폴리에틸렌(PE), 폴리프로필렌(PP), 폴리스티렌(PS), 폴리염화 비닐(PVC) 등이며, 우리나라의 대표적인 기업으로는 LG화학, 롯데케미칼, 한화토탈에너지스, 금호석유화학, 효성화학, 삼양사 등 다수의 기업이 있다. 석유 화학은 원유를 열분해하여 기초유분이라고 하는 에틸렌, 프로필렌, 부타디엔, 스타이렌, 아로마틱 등의 기초 석유화합물을 생산하는 산업이다. 또한 석유 화학은 플라스틱뿐만 아니라 우리 일상에서는 잘 보이지 않는 합성 섬유, 약품, 식품, 소재에 들어가는 중간물질을 만들고 아세톤, 알코올, 염료, 안료, 접착제, 고무 기타 등등 일상생활에 필요한 다양한 기반 소재를 만드는 산업이다. 우리가 알게 모르게 사용하는 잡다한 상품이나 눈에 보이지 않는 부품들 대부분이 석유 화학에서 나온 것들이다. 이런 원재료들은 가솔린이나 디젤처럼 소비자에게 바로 전달되는 것이 아니라 생활에 필요한 다양한 화학 제품의 생산 과정에 투입되는 원료이기 때문에 보통 일반 사람들은 이런 석유 화학 제품에 대해서는 잘 알지 못한다.

하지만 에너지 측면에서 우리가 알아야 할 점은 정유 산업과 석유 화학 산업은 전 세계의 사람들에게 생활 필수품을 제공하는 산업이기 때문에 그 수요가 크고, 이에 따라서 그 산업에 필요한 에너지의 수요 또한 크다는 점이다. 그리고 사용하는 에너지 또한 다른 형태의 화석 연료로는 대체가 되지 않는 석유라는 것이 문제가 된다. 앞서 정유 산업은 내연 자동차에서 전기 자동차로의 전환이 이루어지면 산업이 쇠퇴할 것이라고 했지만, 석유 화학 산업은 양상이 조금 다르다. 사람들의 생활 수준이 높아지면 삶의 편리함을 가져오는 각종 화학 물질의 수요 또한 증가하게 된다. 그런데 현재로서는 석유 화학 산업에서 만들어내는 대체 물질이 존재하기 않기 때문에 그 수요는 계속 증가할 것이다. 기존에 우리가 사용하는 편리한 화학 제품(세제, 용제 등)을 대체할 수 있는 값싼 제품이 없기 때문이다.

정유 및 석유 화학 산업이 에너지 다소비 산업인 이유는 무엇일까? 정유 및 석유 화학 모두 원유를 고온으로 끓여서 기체로 만든다. 그리고 석유 화학 공정의 경우에는 열분해, 그리고 정유 공정에서는 촉매 분해를 이용하여 필요한 물질로 바꾼 다음, 이것을 용도별로 분리하고, 추가적인 화학 반응이나 정제, 가공을 하게 된다. 이러한 모든 화학적 변환 과정에는 많은 열에너지가 필요하다. 특히 원유의 열분해를 위하여 고온으로 끓이는 과정에서 많은 열에너지가 소모된다. 게다가 정유나 석유 화학에서 취급하는 원유의 양이 막대하기 때문에, 석유 산업은 에너지 다소비 산업일 수밖에 없다. 즉 가공할 원유의 양이 워낙 많기 때문에 공정에 들어가는 열에너지 또한 비례적으로 많아진다.

여기서 잠깐 우리나라 정유 공장에서 처리하는 원유의 양을 한번 계산해보자. 그러면 정유 공정에 필요한 에너지의 양을 대략적으로 예측할 수 있을 것이다. 우리나라의 대표적인 정유 회사인 SK에너지의 하루 정유 처리 능력은 약 120만 배럴이다. 원유의 표준 공급 부피를 배럴이라고 하는데, 원유 1배럴의 부피는 대략 160리터이다. 우리가 주위에서 볼 수 있는 드럼통 1개 부피이다. 따라서 SK에너지는 하루에 120만 개의 드럼통에 해당하는 원유를 끓여서 증류하고 있다. 한편 또 다른 정유사인 GS칼텍스는 80만 배럴, 오일뱅크는 65만 배럴, S-Oil은 67만 배럴의 처리 용량을 가지고 있다. 따라서 우리나라 정유사에서 정제를 위해 처리하는 원유가 대략 하루에 330만 개 드럼통 분량이다. 이런 정유 산업을 세계적으로 확대해 생각하면, 정유 공정에 필요한 화석 연료의 양이 어느 정도인지 짐작할 수 있을 것이다.

이처럼 정유와 석유 화학 산업에서 우리에게 유용한 연료와 소재를 만들어내는 과정 중에 에너지의 추가 사용이 필연적으로 발생하게 된다. 따라서 자동차 연료의 수요가 증가한다거나, 플라스틱의 수요가 증가한다는 것은 원유의 수요 증가뿐만 아니라 원유를 가공하는 정유 공장이나 석유 화학 공장에서 사용하는 에너지 소비 또한 증가한다는 뜻이 된다. 정유나 석유 화학 공장에서 제품을 생산하려면 화학 연료를 원료와 연료로 동시에 사용하기 때문에 지구 온난화의 주범인 이산화탄소가 발생하게 되는데, 이것은 모든 산업 영역의 모든 공정에서 일어나고 있다. 우리가 종종 듣는 '탄소발자국'이라는 말이 바로 우리가 사용하는 제품의 생산 과정을 추적하면서 그 과정에서 발생하는 모든 이산화탄소의 양을 정량적으로 계산한 값을 간단하게 정의한 것이다.

이제 정유 산업과 석유 화학 산업의 어두운 면을 살펴보자. 앞서 언급한 대량의 이산화탄소가 정유와 석유 화학 공정에서 방출되는 것 이외에도 또 다른 문제가 있다. 우리가 도로에서 자주 보는 주유소는 석유가 소비자에게 전달되는 최종 단계이다. 그런데 가솔린이나 디젤을 차에 주유하는 과정에서 연료의 일부가 휘발되어 나온다. 대기로 방출되는 이 물질은 휘발성 유기 화합물의 한 종류이다. 이런 휘발성 유기 화합물(VOC)은 대표적인 환경 오염 물질로 사람의 호흡기에 큰 피해를 주는 해로운 물질이다. 주로 주유소와 용제를 많이 사용하는 도장 시설에서 배출되는데, 대기로 퍼진 오염 물질이 취급자의 호흡을 통하여 몸에 흡입된다. 일반적으로 주유소에는 VOC 유출 방지를 위한 주유 캡이 주유소 노즐에 장착되어 있지만, 그럼에도 불구하고 외부로의 방출을 완벽하게 막지는 못한다. 가솔린, 디젤 수요가 증가할수록 운송 과정에서의 방출뿐만 아니라 최종 수요처인 주유소에서의 방출 또한 증가할 수밖에 없다.

한편 플라스틱 또는 폴리머로 대표되는 석유 화학 제품은 과거 나무, 돌, 종이, 모래 같은 무기물로 대표되는 생활용품에 비하여 가볍고, 얇고, 깨지지 않고, 가공하기 쉽고, 값싸고, 대량 생산이 용이한 큰 장점을 가지고 있다. 따라서 다시 과거의 불편한 제품으로 바꾸기는 어려울 것이다. 예를 들면, 면 기저귀가 합성 기저귀로, 과거 양잿물을 사용하던 빨래 세제가 합성 세제로, 그리고 종이백에서 플라스틱 백으로 바뀐 것을 보면, 석유 화학 제품이 얼마나 우리 생활에 깊이 파고들어 왔으며, 얼마나 우리 삶을 편하게 바꿔주었는지 알 수 있다.

그러나 플라스틱 제품은 천연 재료에 비하여 제조 과정에서 건강에 유해하고, 환경을 오염시키는 화학 물질(용제 등)을 필연적으로 사용하게 된다. 그리하여 작업자의 보건 위생(호흡기 및 피부 질환)을 위협하고, 관리 소홀로 수질 오염(과거 두산의 페놀 유출사고)을 일으킬 수 있는 위험도 가지고 있다. 또한 충분한 오염 방지 시설을 갖추지 않을 경우에는 작업자뿐만 아니라 이웃 주민들에게도 위험이 될 수 있다.

과거 인도 보팔 지방에서 일어난 미국 유니온 카바이드 회사의 독가스 누출 사고는 이런 합성 화합물 공장의 위험성을 대표적으로 잘 보여주고 있다. 하지만 구하기 쉽고, 값싸고, 사용하기 편리한 플라스틱 같은 석유 화학 제품의 사용에 우리가 너무 익숙해져서 이제는 사용을 억제하기가 매우 어렵다. 과거 가습기 세척제에서 발생한 비극적인 사건도 알고 보면, 가습기 청소를 쉽게 해주는 화학 약품 때문에 생긴 불행이었다.

석유 화학 산업이 우리 삶에 필수적이긴 하지만, 동시에 에너지의 과도한 사용과 유독 물질을 배출할 수 있는 위험이 있다는 점 또한 우리는 반드시 기억해야 할 것이다. 지나침은 부족함만 못하다는 오래된 격언이 잘 어울리는 현실이다.

철강, 시멘트, 비료, 알루미늄, 플라스틱 산업

앞서 보았듯이 별로 쓸모없어 보이는 물질을 가지고 우리에게 꼭 필요하고, 생활에 편리함을 주는 상품을 만들려고 할 때는 반드시 에너지가 필요하다. 즉 물질의 변환 과정에는 전기 또는 열과 같은 에너지가 필요하다. 그런데 문제는 앞서 예를 든 우유에서 치즈를 만드는 과정과는 비교가 안 될 정도로 많은 에너지가 필요하다는 점이다.

철강

우리나라의 대표적 중화학 공업의 상징이자, 세계적 경쟁력을 갖춘 포항제철은 대표적인 에너지 다소비 산업이다. 철강 산업의 원료는 철광석이다. 쉽게 말하면 철이 함유된 돌이다. 따라서 우리가 필요한 철을 얻기 위해서는 철광석을 변화시켜야 한다. 철광석을 철로 바꾸기 위해서는 철광석에 포함된 산소를 떼어내야 한다. 산소를 떼어내는 데 효과적인 것이 바로 탄소이며, 이 기능을 하는 것이 바로 코크스라는 탄소 덩어리이다.

철광석에서 얻는 철은 참 다양한 용도로 사용된다. 철은 튼튼하고, 내구성이 좋고, 가격도 저렴하다(왜냐하면 원료인 철광석이 저렴하고, 코크스의 원료인 석탄 또한 저렴하기 때문이다). 그 결과, 우리가 보는 많은 것들이 철로 만들어진다. 자동차, 배, 선박, 비행기, 냉장고, 에어컨, 세탁기, 각종 기계, 통조림통 등 나열하면 한이 없다. 이렇게 우리 삶에 필수적인 제품의 원료가 되기 때문에 그 수요는 계속 증가하고 있다. 철은 우리 삶을 편리하게 하고, 우리의 안전을 지키는 역할을 하지만, 철의 생산 과정에서는 심각한 에너지 문제가 발생한다.

첫째, 철광석 환원에 필요한 고온을 유지하기 위해서 많은 화석 연료가 필요하다. 용광로는 1,500-1,700°C의 높은 온도가 필요하다. 이런 고온을 유지하기 위해서는 엄청난 양의 화석 연료를 태워야 한다. 이 과정에서 화석 연료 연소에 따른 이산화탄소가 발생하고, 또한 엄청난 양의 화석 연료 사용은 미래의 에너지원 고갈을 가져온다.

둘째, 철광석 환원 과정에서도 온실가스인 이산화탄소가 많이 배출된다. 즉 철광석이 코크스에 의하여 철로 환원되는 과정에서 철광석의 산소는 코크스의 탄소와 결합하여 이산화탄소를 형성하기 때문에 필연적으로 이산화탄소를 배출한다. 즉 철광석 환원 과정과 용광로에서 철광석 환원을 위한 열 공급 과정에서도 이산화탄소가 발생한다. 이런 두 가지 측면을 고려하면 철이 우리에게 주는 빛과 같은 삶의 편리함뿐만 아니라 철을 만드는 과정에서 발생하는 화석 연료의 고갈과 이산화탄소 배출에 따른 지구 온난화라는 어두운 그림자도 반드시 함께 생각해 보아야 한다.

제철 산업이 가지는 이런 근본적인 두 가지 문제점으로 인하여 최근에는 철광석을 환원시키는 환원제로 코크스가 아닌 수소를 사용하는 방법을 연구하고 있다. 철광석의 환원제로 수소를 사용할 경우, 당연히 이산화탄소 대신 수증기만 배출될 것이기 때문이다. 하지만 수소는 현재 이산화탄소를 부산물로 생산하는 메탄의 수증기 개질법을 제외하고는 아직 대량 생산하는 기술이 확립되지 않았다. 또한 새로운 방식의 수소 생산에서 생산 가격의 경제성까지 고려하면 제철 공장의 용광로에서 철광석 환원을 위한 수소 사용이 실용화되기까지는 많은 시간이 걸릴 것으로 예상된다. 또한 고로를 1,500도로 유지하기 위해서는 불가피하게 화석 연료를 연소해야 하므로 이산화탄소가 전혀 배출되지 않는 용광로는 가능하지 않을 것이다.

철의 또 다른 문제점은 우리가 흔히 녹이라고 부르는 부식에 매우 취약한 금속 특징이다. 철로 만든 구조물의 경우 시간이 지나면 부식에 의해서 철의 기계적 강도가 약해지면서 구조물이 붕괴될 위험이 생긴다. 오래된 건물이나 다리는 주로 철근이 포함된 콘크리트 구조물이기 때문에 철의 부식은 안전을 위협하는 요인이 된다. 따라서 재건축이나 새로운 구조물을 다시 지어야 하는 일이 발생하게 되며, 이것은 필연적으로 또 다시 에너지와 자원 낭비를 가져온다.

마지막으로 철의 생산에 있어서 우리가 잘 알지 못하는 사실은 철의 원료가 되는 철광석 광산의 환경 오염과 가혹한 노동 조건이다. 앞서 석탄 탄광의 문제점을 지적했듯이, 철광석 광산 또한 석탄 탄광과 비슷한 문제점을 가지고 있다. 철의 수요가 증가할수록 철광석 광산의 조업 조건은 가혹해질 수밖에 없다. 이처럼 우리가 편리하게 사용하는 제품이 만들어지는 과정을 잘 이해하면, 에너지와 자원 절약에 적극적일 수밖에 없을 것이다.

시멘트

우리가 많이 사용하고 주변에서 쉽게 볼 수 있는 콘크리트 또한 철과 유사한 운명이다. 콘크리트는 철과 함께 건축에 가장 많이 사용되는 재료이다. 콘크리트는 녹이 슬지 않고, 썩지도 않고, 불에 타지도 않는다. 대부분의 건물, 댐, 교량, 다리를 만들 때 가장 많이 사용한다. 콘크리트의 주원료는 시멘트인데, 석회석에서 시멘트를 만들 때 철광석에서 철을 환원할 때와 같은 문제가 발생한다. 시멘트는 석회석을 열분해하여 생석회를 만드는데, 이때 900°C 이상의 고온이 필요하다. 바로 이 과정에서 석탄이나 천연가스와 같은 많은 양의 화석 연료가 사용된다. 또 하나의 문제는 시멘트의 원료인 생석회를 얻기 위해서는 석회석을 열분해해야 하는데, 이 과정에서 필연적으로 이산화탄소가 부산물로 나온다는 것이다. 즉 콘크리트의 생산 과정에서 석회석을 분해할 때 이산화탄소가 생산되고, 석회석을 열분해하는 데 필요한 열을 공급하는 과정에서 또다시 이산화탄소가 발생한다.

우리나라는 에너지 자원 빈국으로 잘 알려져 있다. 대부분의 나라에서 생산되는 흔한 석탄도 우리나라에서는 무연탄이라는 저급 석탄만 생산되고 있다. 우리나라가 지질학적으로 고생대에 속하기 때문에 지하자원 또한 노년기와 같다고 할 수 있다. 하지만 국토의 70%가 산악 지형인 우리나라는 대부분의 산이 석회암으로 이루어져 있어 시멘트의 원료가 되는 자원은 풍부하다. 우리나라는 시멘트 생산 세계 11위, 시멘트 소비 세계 9위일 정도로 시멘트 산업이 매우 발달한 국가이다. 뒤집어 이야기하면, 우리나라는 시멘트 생산 과정에서 많은 이산화탄소를 배출하고 많은 화석 연료를 사용한다는 뜻이다.

우리나라에서 건설 붐이 일어나고, 새로운 신도시가 만들어지고, 아파트가 대량으로 공급이 된다는 것은 많은 화석 연료가 석회석으로부터 시멘트를 만드는 데 에너지로 사용된다는 것이고, 이것은 온실가스인 이산화탄소가 대기 중으로 엄청나게 많이 방출되고 있다는 증거이다. 신도시 건설이나 재건축 등의 경기 부양이 국내 경제에는 도움이 될지 몰라도 지구 온난화 측면에서는 큰 위협을 가하고 있는 것이다. 멀쩡한 아파트를 경제적 이득을 목적으로 재건축을 서두르는 것이야말로 지구 온난화를 부채질하는 올바르지 못한 행동이다. 우리가 기후 변화를 막고, 지구 온난화를 방지하는 행동에 찬성을 하고, 아울러 솔선수범을 보인다고 해도, 자신의 경제적 이득이 걸린 문제에서는 이런 사실을 애써 외면하기 쉽다. 즉 총론은 찬성하지만, 각론에서는 반대하는 모습이다. 때로는 기술적 장벽보다는 인간의 원초적 욕망이 자연 재앙을 불러오기도 한다.

콘크리트는 건설 경기에 따라 생산량이 크게 변한다. 또한 건축물의 수명과 재건축에 따라서도 수요가 증가한다. 과거 1980년대 내가 미국에서 유학을 할 때 뉴욕 브루클린에 사는 친구 집에 방문한 일이 있었다. 건물은 지은지 100년 정도가 되어서 낡고, 어두컴컴했지만, 친구는 큰 불편 없이 사용하고 있었다. 다만 물을 사용할 때 오래된 배관의 부식으로 종종 녹물이 나온다고 했다. 게다가 당시 내가 살던 펜실베이니아에서 뉴욕 맨해튼으로 진입할 때 링컨 터널이나 홀랜드 터널을 지나게 되는데, 두 터널 모두 해저 터널이라 주변 환경이 아주 가혹했다. 그럼에도 불구하고 그 당시에도 지은지 50~60년 지났지만 물도 새지 않고 잘 사용되고 있었다. 물론 지금까지 아무 문제없이 잘 사용하고 있다고 한다. 아파트 건설 후 30년 정도만 지나도 안전 문제를 앞세워 재건축을 해야 한다는 의견이 지배적인 우리나라 상황과는 비교가 된다.

콘크리트가 우리 삶에 필요한 건축 소재로 값도 싸고 사용이 편리한 반면, 단점도 존재한다. 우선 앞서 이야기했듯이 건축물은 사용 연한이 지나면 안전을 이유로 기존의 건축물을 철거하고 새로 지어야 한다. 이때 나오는 폐콘크리트는 폐기물로 처리가 곤란하다. 콘크리트와 같은 건설 폐기물은 주로 철거, 중간 처리를 거쳐서 매립이나 재활용이 된다. 콘크리트는 일단 무겁기 때문에 철거나 이송에서 에너지를 많이 사용한다. 그리고 철거, 중간 처리, 매립이나 재활용 과정에서 비용과 소음, 분진이 발생한다. 그래서 가능하면 건물을 오래, 잘 유지 보수하면서 사용하는 것이 지구 온난화를 방지하는 좋은 행동으로 진정 지구를 구하는 방법이다.

비료

비료는 인류의 역사에서 획기적인 생산물이다. 인간이 수렵 생활에서 농업 혁명으로 식량 공급이 원활해지고, 안전한 주거 환경으로 기대 수명이 늘어나면서 인구는 증가하게 되었다. 이에 영국의 경제학자 맬서스는 저서 『인구론』에서 이런 상황에서 인구는 기하학적으로 증가하고, 식량은 산술급수적으로 증가하기 때문에 인구 과잉으로 식량 부족이 발생하게 되고, 이것 때문에 사회는 빈곤과 죄악이 만연하게 될 것이라고 경고했다. 그 결과 전쟁과 폭동이 발생할 것으로 예측했다. 당시에 많은 지식인들은 그의 주장에 동의했다. 하지만 맬서스의 인구론의 출발점이 되었던 '식량의 산

술급수적 생산'이라는 명제는 두 명의 독일 화학자로 인하여 여지 없이 부정되었다. 바로 암모니아 합성을 통하여 요소 비료 생산을 가능하게 한 하버와 보쉬의 노력 덕분이다.

식물 성장을 촉진하기 위해서는 식물에 질소가 공급되어야 한다. 우리를 둘러싼 공기의 79%가 질소이지만 기체 상태의 질소는 식물 성장에 도움을 줄 수 없다. 고체 상태의 질소 화합물만이 식물 성장에 필요한 비료로 사용이 가능하다. 당시 대부분의 질소 비료는 천연 광물에서 얻었다. 가장 대표적인 질소 화합물은 칠레에서 나오는 칠레 초석이라는 광물에서 얻었다. 하지만 인구가 늘고, 식량 증산이 필요함에 따라 늘어나는 수요에 필요한 칠레 초석의 공급량은 한정되어서 천연 질소 비료는 점점 더 부족해졌다. 이에 따라 사람들은 식량 부족으로 발생하는 기아와 사회적 혼란을 걱정하게 되었다. 이런 위기의 순간에 하버와 보쉬가 질소와 수소를 가지고 거의 불가능하다고 여겨졌던 암모니아 합성에 성공한다. 질소는 공기를 액화하여 산소와 질소로 분리함으로써 얻었고, 수소는 석탄과 수증기의 반응으로 얻었다.

이렇게 암모니아 합성은 과학자(하버)와 공학자(보쉬)의 엄청난 노력과 우연한 행운으로 성공할 수 있었다. 하버는 수소와 질소로부터 공업적 규모의 암모니아 합성이 가능하다는 것과 기초적인 합성 촉매, 그리고 상업적 생산에 필요한 정보인 암모니아 합성의 평형 조건(특정 온도에서 최대로 얻을 수 있는 암모니아의 양)을 알아냈다. 보쉬는 이런 실험실 자료로부터 대규모의 암모니아 합성 공장을 성공적으로 완성한 공학자이다. 두 사람 모두 인류 발전에 공헌한 공로로 노벨상을 수상하였다.

대부분의 사람들은 암모니아 합성에서 하버의 업적은 알지만, 실제적으로 상업화에 성공한 보쉬의 업적은 잘 모르고 있다. 과학을 공학보다 높은 수준의 학문이라고 여기는 편견이 여기서도 드러나고 있는 것이다. 어쨌든 우리가 잘 알고 있는 독일의 BASF라는 화학 기업에서 최초로 암모니아 대규모 생산에 성공하게 된다. 그 뒤로 각국에서 암모니아 합성에 성공하고 질소 비료를 만들면서 식량 생산은 기하급수적으로 증가하고 맬서스가 예견한 기아는 발생하지 않았다. 그런데 암모니아 합성 공정은 공기를 액화하고(초저온, 고압), 수소를 생산, 정제하는 과정이 필요한데, 암모니아를 만드는 반응기(고압) 등이 모두 초저온, 고압, 고온에서 이루어지기 때문에 에너지 소비가 매우 큰 산업이다. 식량 생산을 위한 비료 수요가 많아진다는 것은 암모니아 수요가 많아진다는 것으로, 이는 필연적으로 엄청난 규모의 화석 연료가 암모니아 합성 공장에서 소비된다는 것을 의미한다. 결국 온실가스인 이산화탄소가 대기로 많이 배출될 수밖에 없는 구조가 된 것이다.

그런데 여기서 한번 살펴볼 문제는 공학자들이 암모니아 합성

공정의 효율을 높이기 위해 많은 노력을 한 결과, 암모니아의 가격이 매우 저렴해졌다는 것이다. 그러자 농부들은 저렴한 가격의 비료를 넉넉하게 농작물에 뿌리게 되는데, 땅에 뿌린 비료의 50% 정도만 땅에 흡수가 되었다고 한다. 결국 잉여 비료는 지하수 오염이나 기타 환경 오염의 원인이 되었다. 농업에 필수적인 비료를 저렴한 가격으로 만들려는 공학자들의 노력이 오히려 에너지 낭비와 비료 낭비 그리고 환경 문제를 일으키는 역설적인 상황을 불러오게 된 것이다. 이 또한 요소 비료가 식량혁명의 빛이자 환경에 미친 에너지의 어두운 그림자인 것이다.

또한 비료를 너무 많이 사용하게 되면, 비료가 농작물에 잔존하게 되면서 인체에 해를 끼친다. 비료가 농작물의 성장을 촉진하고, 작물의 모양새도 보기 좋게 만들지만, 화학 물질로 인한 인체의 피해 또한 무시할 수 없는 실정이 되어 버렸다. 게다가 농작물에 잔존하는 화학 물질이 인체에 미치는 영향은 오랜 시간이 지나서야 나타나기 때문에 그 심각성을 잘 인식하지 못하고 있다. 또한 비료 과잉 투입은 땅의 오염에 따른 지하수 오염을 가져올 뿐만 아니라, 소위 말하는 '땅의 힘'을 감소시킨다. 그래서 농작물 재배에서 더욱 더 비료에 의지하게 되는 악순환에 빠지게 되는 것이다. 우리가 과일이나 채소를 먹을 때 앞서 언급한 탄소발자국을 생각하면, 입맛은 떨어질지 몰라도 지구 온난화 방지에는 도움이 되는 것이다.

알루미늄

우리가 많이 사용하는 편리한 소재 중 하나가 바로 알루미늄이다. 알루미늄은 가벼운 것이 가장 큰 장점이다. 그래서 얇은 박막이나 철사로 제작이 가능하고, 다른 금속과의 합금도 용이하다. 주로 자동차, 항공기, 트럭, 자전거 같은 운송 장비에 사용되고, 우리가 잘 알고 있는 캔, 호일 같은 포장재, 모터, 발전기, 도체 합금 같이 전도성이 요구되는 산업 제품, 조리기구와 가구 등 매우 다양한 용도로 사용되고 있다. 게다가 알루미늄의 원료가 되는 보크사이트는 매장량이 매우 풍부하다. 그런데 이런 풍부한 보크사이트에서 알루미늄으로 정제하는 제련 기술에서 또다시 에너지 문제가 발생한다.

알루미늄을 얻기 위해서는 전기 분해 방식이 가장 우수한 기술인데, 알루미늄 1kg을 생산하는 데 15kwh의 전기가 필요하다. 알루미늄은 생산 원가의 40%가 전기 요금일 정도로 에너지 소비가 큰 산업이다. 문제는 전기 에너지가 열에너지보다 화석 연료에서 얻기가 어렵다는 것이다. 대표적인 화석 연료인 석탄을 가지고 전기를 만드는 화력 발전을 보면, 석탄 에너지 100에서 얻어지는 전기 에너지는 35% 정도이다. 즉 발전소 효율(화석 에너지 → 전기 에너지로의 전환 효율)이 35%라는 것이다. 게다가 발전소에서 수요처까지 송전탑과 변전소를 거치는 송전 과정에서의 전력 손실까지 고려하면 30% 내외일 것이다. 따라서 열을 이용하는 철광석 환원과는 달리 전기를 이용하는 알루미늄 환원에서는 더 많은 화석 연료가 소비된다. 석탄을 태워서 전기를 만들고, 그 전기를 가지고 알루미늄을 생산하기 때문이다. 즉 두 번의 에너지 전환을 통해야만 알루미늄이 얻어진다.

우리가 일상에서 자주 보는 김밥 포장 용기, 캡슐 커피, 쿠킹 호일 등 아주 사소한 것부터 비행기 재료까지 폭넓게 사용되는 알루미늄은 앞서의 암모니아와 마찬가지로 기술 발전으로 생산 원가가 저렴해지면서 아낌없이 사용할 수 있게 되었다. 하지만 우리가 많이 사용하고 있는 쿠킹호일, 알루미늄 도시락 용기, 냄비는 알루미늄의 독성에서 벗어나지 못하고 있다. 알루미늄의 유해성은 인체의 호흡기와 피부 질환, 정신 질환과 연관이 있다는 연구 결과가 있다. 앞선 비료나 뒤에 설명할 플라스틱과 마찬가지로 알루미늄 또한 값이 싸다는 것이 수요 증가의 주요인이 되고 있다. 편리하고 값도 저렴한데 사용을 마다할 이유가 있겠는가?

개인적인 의견을 말해 보면, 이런 역설적인 상황에서 기술의 발전이 늦어지고, 공급이 부족한 상황에 처해야만 비로소 자원의 소중함을 느끼게 되는 걸까 하는 생각을 해보게 된다. 천연 자원으로 편리함과 안락함을 주는 산업 생산품을 만드는 과정에서는 화석 연료의 소비로 인한 지구 온난화, 그리고 환경 오염이 반드시 뒤따른다는 사실을 기억해야 한다. 이처럼 에너지 문제는 일상의 모든 부분에서 우리를 위협하고 있다.

플라스틱

명색이 화학공학 전공자인 나는 누구보다 플라스틱의 양면성에 대하여 깊게 고민하지 않을 수 없다. 사실 대학에서 내가 가르치는 학생들이 졸업 후에 취직을 잘 하기 위해서는 화학 산업의 번성이 중요하다. 그중에서도 플라스틱과 관련된 석유 화학 산업은 화학공학에서 매우 중요한 영역이다. 하지만 플라스틱 산업은 환경 오염 문제를 일으키는 주범 중 하나이기도 하다.

플라스틱은 다른 화학 제품에 비하여 그 역사는 비교적 짧지만, 그럼에도 엄청난 발전을 가져온 화학공학 분야이다. 플라스틱은 콘크리트, 철, 알루미늄, 비료에 비해서는 생산에 투입되는 에너지양이 상대적으로 적은 편이다. 하지만 전 세계적으로 플라스틱 생산량이 엄청나게 커지면서 플라스틱 산업에 투입되는 화석 연료의 양도 그 규모에 비례하여 점차 커지게 되었다. 플라스틱 하면 우리는 각종 용기나 포장재, 봉투 정도를 생각하지만, 의외로 플라스틱의 활용 범위는 매우 넓다. 옷의 원료가 되는 합성 섬유, 자동차의 타이어와 실내 내장재, 컴퓨터, TV를 포함하는 전자 제품의 외장재 등이 모두 플라스틱으로 만들어진다. 그 외에도 우리가 자주 접하지 못하지만 건축물 자재, 전기용품 부품에도 사용된다. 석유에서 출발하여 다양한 화학 반응을 거쳐서 만들어지는 화학 제품은 앞서 언급한 철, 콘크리트, 알루미늄과는 비교할 수 없을 만큼 종류가 다양하다. 이것들이 우리 삶의 편리, 안전, 안락은 물론 다양한 경험을 하는 데 사용된다.

하지만 플라스틱의 가장 큰 문제점은 사용 후 재활용이 어렵고, 무엇보다도 썩지 않고 오랫동안 지구의 해양이나 지표면에 남아 있다는 것이다. 종종 해양 동물이 플라스틱으로 사망하는 뉴스를 접할 때마다 플라스틱의 문제점을 다시 생각해 보게 된다. 당연히 플라스틱을 재활용하려는 연구가 많이 진행되고 있지만 아직까지는 재활용의 방법이 또 다른 화석 연료를 사용하는 열화학적 방법밖에 없기 때문에 이 과정에서 또 다시 이산화탄소 배출이라는 문제가 나올 수밖에 없다.

우리가 편리함을 추구하면 할수록 좀 더 많은 제품을 필요로 하게 되고, 이런 제품을 만드는 과정에서 더 많은 전기 에너지, 열에너지가 필요하다. 그리고 인류가 필요로 하는 이 모든 에너지의 대부분은 화석 연료의 연소에서 얻어진다. 우리의 편리함과 안락함을 극심한 기후 변화, 환경 오염과 맞바꾸고 있는 셈이다. 따라서 지금까지 선호해 왔던 생활 방식을 바꾸어야 할 시기가 왔다. 어떤 선택을 할지에 따라 미래는 분명히 달라질 것이다.

이와 관련하여 한 가지 언급하고 싶은 내용이 있다. 최근에 지구 온난화와 이에 따르는 기후 변화에 대한 인식이 높아지면서 태양광이나 풍력과 같은 신재생 에너지의 확대, 그리고 내연 기관에서 전기를 사용하는 전기 자동차로의 급격한 전환처럼 바람직하고 긍정적인 방향으로 에너지 사용의 변화가 일어나고 있다. 하지만 불행하게도 앞서 언급한 철강, 시멘트, 플라스틱, 비료와 같이 우리에게 필요한 생활필수품을 만드는 기간산업은 전기가 아닌 화석 연료를 생산 공정에서 사용해야 한다는 문제가 있다. 즉 석탄, 석유, 천연가스와 같은 화석 연료가 생산 공정에 공급이 되어야만 하는 산업이라는 것이다. 그리고 알루미늄을 제외하고는 열 대신 전기로는 제품을 생산할 수 없다. 따라서 이런 산업의 특성을 살펴보았을 때 화석 연료의 사용을 금지해서, 이산화탄소가 대기로 방출되는 것을 막아서 지구 온난화를 방지하려는 노력이 모든 산업 영역에서 가능한 것은 아니라는 데 그 심각성이 있다. 마치 신재생 에너지로 충분한 전기를 만들어내면 지구 온난화의 모든 문제점이 해결될 것처럼 생각하지만, 실상은 그렇지 않다. 발전과 수송 영역을 빼고, 나머지 산업은 모두 화석 연료가 필요하다. 지구 온난화를 막는 노력 앞에는 또 다른 산이 가로막고 있다. 산 넘어 산이다.

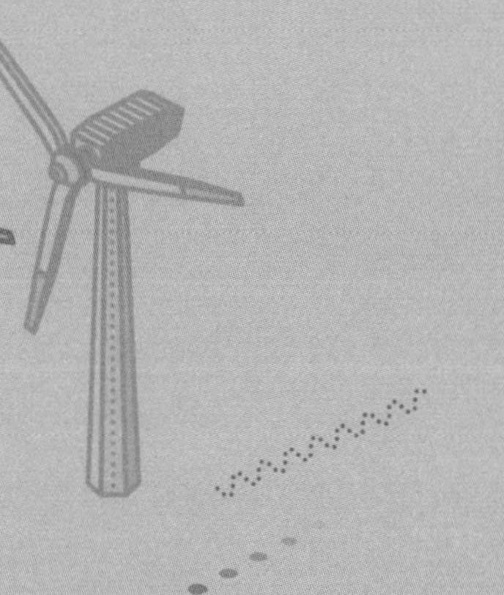

제4장

전기의 힘

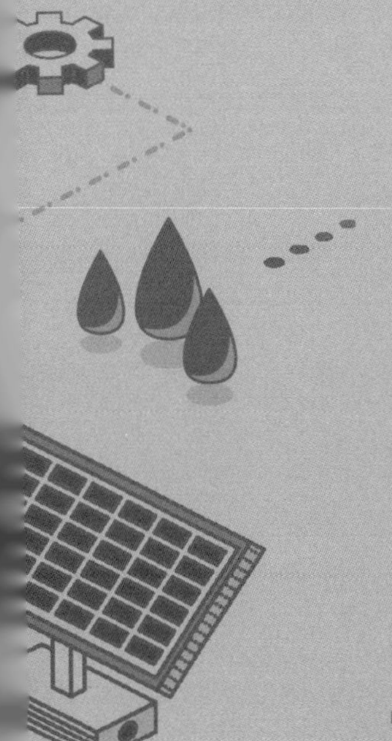

에디슨과 테슬라의 전류 전쟁

2019년에 개봉된 영화 〈커런트 워(current war)〉는 에디슨의 직류 방식 송전 시스템과 테슬라의 교류 방식 시스템을 두고 다투는 전류 전쟁을 다루고 있다. 그런데 이 영화에서는 전기의 송전 방식에 대한 두 사람의 기술적 업적보다는 에디슨의 인간적 노력과 테슬라의 다소 괴짜적인 성격을 비교하고 있다는 느낌이 들었다. 발전소에서 만든 전기를 도시나 공장으로 송전하는 방식을 직류로 할 것인가, 교류로 할 것인가를 결정하는 것은 향후 전력 계통의 표준을 정하는 문제이기 때문에 당시 매우 중대한 문제였다. 그리하여 에디슨의 GE와 테슬라의 웨스팅하우스는 상대방의 단점을 폭로하며 서로 헐뜯었지만, 결국 1893년 나이아가라 폭포에서 생산된 전기를 관리하는 나이아가라 위원회가 교류로 송전하는 웨스팅하우스와 계약을 하면서 교류가 승리를 거두게 되었다. 이후 현재까지 교류 송전 방식이 유지되고 있다.

하지만 이 영화는 미국인 에디슨의 여러 공적과 업적을 고려하여 만들어졌다는 생각이 들었다. 왜냐하면 교류의 발명가인 테슬라의 업적은 그리 크게 조명되지 않았기 때문이다. 하지만 최근에 돌풍을 일으키고 있는 일론 머스크의 전기 자동차 이름이 '테슬라'인 것을 보면 이제야 테슬라의 업적이 제대로 평가받고 있다는 생각이 들었다. 전기 자동차는 교류가 아닌 직류에 의해 작동이 되고 있는데도 교류를 주장한 테슬라의 이름을 사용했기 때문이다.

에디슨에 대해서는 많은 사람들이 위인전이나 다양한 경로를 통해서 잘 알고 있지만(에디슨이 만든 전구는 최고의 발명품이고, 전기 보급에 큰 원동력이 되었다), 테슬라에 대하여는 잘 알려져 있지 않아 조금 소개하고자 한다. 테슬라는 당시 오스트리아제국 출신(지금의 세르비아)으로 오스트리아의 그라츠 대학을 졸업하고 1884년 미국으로 건너갔다. 그는 어릴 때부터 언어와 수학에서 천재적인 면모를 보였다고 한다. 천재적인 학문적 재능과 더불어 밤늦게까지 열심히 공부하여 특별한 설계도나 모델이 없이도 발명에 필요한 모든 것을 머릿속에서 설계하고 구현했다고 한다. 내성적인 성격으로 '고독한 발명가'라는 칭호를 받을 정도로 일에만 파묻힌 그는 전형적인 엔지니어였다. 1897년 무선 통신 특허를 시작으로, 다상 유도 모터, 위상분할 유도 모터, 다상 동기 모터 등 통신과 전력 장치의 대부분을 개발한 사람이기도 하다. 당시 직류 모터가 가지고 있던 문제를 해결하기 위해 교류 전기 장치를 개발하고 있던 테슬라는 "나는 그 문제의 해결을 신성한 사명처럼 생각했다. 바로 사느냐 죽느냐의 문제였다. 만약 실패하면 그때는 모든 것이 끝장이라고 생각했다"라고 말했다고 한다. 일에 대한 그의 집념과 열정을 알 수 있는 일화이다.

테슬라는 19세기 말, 20세기 초 전자기학에서 혁명적인 발전을 가져온 사람으로 인정받고 있다. 특히 교류 송전 방식은 화력 발전소에서 전기 소비처인 가정이나 공장에 필요한 전기를 송전하는 데 있어서 획기적인 기술적 혁명을 가져왔다. 발전소에서 만든 교류를 고압으로 승압하여 송전함으로써 송전 과정에서 필수적으로 발생하는 전류의 손실을 최소화했다. 따라서 적은 비용으로 소비자에게 전기를 공급할 수 있게 되었다. 이것이 전기 송전 방식에서 교류 송전을 발명한 테슬라의 가장 큰 업적이다. 또한 에디슨의 직류와 테슬라의 교류에 대한 특허 싸움은 궁극적으로 효율적인 송전 시스템의 발전을 가져오는 원동력이 되었다. 이런 경쟁은 기술의 선순환을 통하여 효과적인 시스템을 확립하는 데 도움이 된다. 우리 가정에 설치되어 있는 전기 콘센트는 발전소에서 만들어진 교류 전류의 최종 도착지이다. 이제 가전제품을 사용하기 위해 콘센트에 플러그를 연결할 때 테슬라라는 사람의 공적을 한 번쯤

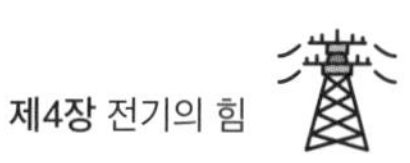

떠올려 보자.

또한 테슬라는 교류형 전동기를 처음 상용화시킨 인물이며, 다상 유도 모터를 개발하고, 무선 전력 송신 기술을 처음으로 연구한 과학자이다. 현대적 의미에서 전기 활용을 넓게 응용한 사람이 에디슨과 테슬라라고 할 수 있다. 그래서 1890년대부터 1920년대에 이르면서 전기는 조명, 통신, 동력 등 다방면에서 새로운 활용 방안을 찾게 되었고, 그에 따라 다양한 전기 제품들이 발명되었다. 어쩌면 전기의 본격적인 실용화에 가장 크게 기여한 사람이 바로 에디슨과 테슬라라고 할 수 있다. 에디슨에 비하여 테슬라의 업적이 상대적으로 낮게 평가받았던 이유는 내성적이고 나서기 좋아하지 않는 테슬라의 성격 때문 같다. 어쨌든 이러한 다양한 전자 제품 속에는 테슬라의 유산이 깊이 관여하고 있다.

테슬라에 의하여 1893년에 시작된 교류 송전 시스템은 그 후 지속적인 발전으로 송전 전압이 증가하게 되었고, 대규모 송전이 가능해졌다. 하지만 최근 북아프리카에서 대규모의 태양광, 풍력 신재생 에너지 단지가 건설되고 그곳에서 생산된 전기를 유럽의 인구 밀집 지대의 소비처로 이송하는 프로젝트가 진행되면서 교류 송전 방식의 문제점이 나타났다. 태양 일사량이나 풍력 조건이 좋은 북아프리카에서 전력이 부족한 유럽까지 전기를 송전하는 데 있어 가장 큰 문제는 송전 거리였다. 즉 북아프리카에서 유럽 중부까지 송전 거리는 수백 킬로미터에서 수천 킬로미터나 되는데, 이런 장거리 송전에서는 고압 직류 송전이 교류 송전보다 효율적으로 우수하다. 그래서 최근 여러 나라에서 설치하고 있는 해저 케이블 또한 직류 송전을 채택하고 있다. 결국 이제는 에디슨의 직류 송전과 테슬라의 교류 송전 두 가지 모두 전 세계적으로 적용되고 있는 실정이다. 전류 전쟁의 승부는 결국 무승부가 되었다. 돌고 돌아 원점인 셈이다.

한편 대부분의 나라에서 사용하고 있는 교류 송전 과정의 또 다른 단점은 송전 효율을 높이기 위해 전압을 200,000-300,000V로 높이면 송전선 주위에 자기장이 형성된다는 것이다. 이 자기장이 암 발병의 원인이 될 수 있다는 연구 결과 때문에 송전탑 건설은 항상 지역 주민들의 민원 대상이 되고 있다. 특히 우리나라는 인구 밀도가 높기 때문에 다른 나라에 비하여 송전탑이 크고 높으며, 다른 시설과의 이격 거리 또한 비교적 먼 편이다. 그럼에도 불구하고 백혈병 같은 암 발병이 논란이 되는 것을 보면 아직 과학적 · 의학적으로 확실한 연구 결과는 없지만, 인간에게 부정적인 영향이 있다는 점을 부인하기는 어렵다.

전기는 누구에게나 필요하고, 어떤 곳에서는 생존과 안전의 근간이 되기 때문에 모든 사람이 그 혜택을 누리는 것은 당연하지만, 송전 과정에서 발생하는 자기장에 의한 부작용은 교류 송전의 특성상 현재로서는 어쩔 도리가 없다. 새로운 송전 기술이 이 문제를 해결해 주기를 기대할 수밖에 없다. 우리나라도 생활 수준이 높아지면서 이에 비례하여 지속적으로 전기 수요가 증가하고 있기 때문에 송전탑 증가는 불가피하다. 앞서 말했듯이 송전탑 건설은 자연 경관을 해치고, 자기장에 의해 암 발병 위험이 있고, 산악지대 설치에 따른 환경적 피해도 가져온다. 만일 이런 상황이 지속된다면 수십 년 뒤에는 어떤 문제들이 발생하게 될지 심각하게 고민해야 할 시점이다.

이와 관련하여 우리가 기억해야 할 사례는 2008년 경상남도 밀양에서 벌어진 대규모 송전탑 건설 반대 시위다. 이 송전탑은 몇 년 후에 준공될 울진의 원자력 발전소 3호기에서 생산되는 전기를 창녕군으로 보내기 위해 설치될 예정이었다. 그러나 사업이 승인되자 밀양 시민들은 송전탑의 인체 유해설, 송전탑의 용도, 원자력 발전소의 위험성을 문제 삼으며 대규모 시위를 벌였다. 2014년까지 지속된 시위는 시민단체와 수녀들까지 참여하였고, 두 명의 자살자와 수십 명이 다치는 불행한 결과를 낳았다. 늘어나는 전기 수요를 맞추기 위해 발전소를 건설하고, 생산된 전기를 소비처에 공급하기 위한 에너지 정책이 엄청난 국력 낭비와 이념 전쟁, 정치적 사건으로 확대되면서 사회 갈등은 극에 달했다. 많은 사람들이 원자력 발전소의 위험을 주장하고, 신재생 에너지의 확대를 주장했다.

하지만 이 문제에 대한 개인적인 의견은 과연 우리는 필요한 만큼의 전기를 사용하고 있는지에 대한 반성이 우선되어야 한다는 점이다. 생활 수준 향상으로 전기 수요는 증가하고 있는데, 전기의 안정적인 공급을 목표로 하는 한전이 그냥 가만히 있을 수만은 없다. 예상되는 문제점을 파악해 여러 가지 송전탑 건설 방안을 제시하고, 해당 지역 주민들을 설득하는 일련의 과정들이 매끄럽지 못했던 점이 밀양 송전탑 건설의 문제였지만, 그 근본적인 문제는 전혀 해결되지 않고 있다. 바로 늘어나는 전기 수요를 해결할 방법이다.

신재생 에너지는 우리나라의 기후 조건상 그다지 유리하지 않다. 풍력은 제주도와 강원도 산간 지방, 태양 전지는 전남과 남해안 일대, 서해안 지역의 날씨 조건이 그나마 태양광 발전에 유리하다. 게다가 신재생 에너지는 경제성이 떨어지는 단점이 있다. 또 다른 단점은 생산되는 전기의 변동성이 심해(바람 세기 변화, 일사량 변동 등) 안정적인 전력 공급을 기대하기 어렵다는 점이다. 한편 원자력 발전소는 대중의 원자력 방사능 공포로 인해 국민적 합의를 이끌어내기에 어려움이 많다. 그러면 남는 방안은 화력 발전인데, 가스 화력은 비싸고, 석탄 화력은 미세 먼지와 오염 물질 배출이 많다. 게다가 어떤 방식의 발전이든 송전선 건설은 불가피하다. 물론 신재생 에너지의 경우 생산되는 전력 양이 적기 때문에 전기가 생산되는 지역 근처에서만 소비되는 장점이 있지만, 너무 광범위한 지역으로 산재되어 있어서 국가의 전력 계통선에 많은 연결점이 생기면서 전기 품질을 제대로 유지하기 어려운 문제가 존재한다. 하지만 증가하는 전력 수요에 맞추어 신규 발전소 건설은 불가피하다. 그러면 어떤 방식의 발전을 할 것인가? 이것은 경제성, 원료 확보, 지형적 특성 등 공학적으로 연구하고 결정해야 하는 문제이다. 그래서 우선 우리나라의 전력 현황과 에너지 자원 공급의 안정성, 에너지 믹스의 타당성, 지리적 특성을 고려하여 가장 적합한 전력 시스템과 송전 문제를 살펴보아야 한다.

전기는 분명히 우리 삶을 편리하게 하는 에너지원이지만, 이것을 얻는 과정에서 내부적인 갈등이 심하게 발생한다면, 우리는 일상에서 아무 생각 없이 쓰는 전기에 대해 다시 생각해야 할 것이다. 과연 우리는 일상에서 필요한 만큼의 전기를 사용하고 있는지에 대해 먼저 자신에게 물어보는 것이 밀양 송전탑 문제에서 우리가 얻어야 할 첫 번째 교훈이다.

화력 발전소의 현황과 미래

화력 발전소는 화석 연료를 태워서 전기를 발생시킨다. 화석 연료에는 석탄, 석유, 천연가스가 있지만 석탄이 가격도 저렴하고,

경기에 따른 가격 변동성도 미미할 뿐만 아니라 모든 나라에서 생산되기 때문에 가장 선호한다. 석유는 주로 운송용 연료로 사용되고 있는데 전 세계 원유 생산량의 대부분이 수송용 연료와 석유 화학 원료로 사용되고 있다. 일반적으로 말하면 석유는 수송용 연료로서 가치가 더 크기 때문에 화력 발전 연료로는 사용하지 않는다. 천연가스는 주로 가정용 난방이나 취사, 온수에 사용되어 왔고 화력 발전소 연료로는 사용되지 않았다.

천연가스 화력 발전

최근 석탄 화력 발전소에서 배출되는 이산화탄소 양이 급증하면서 이산화탄소 배출을 줄일 수 있는 대체 연료로서 천연가스가 주목받기 시작했다. 왜냐하면 대략적으로 같은 양의 전기를 생산할 때 방출되는 이산화탄소의 양이 석탄에 비해 절반 정도이기 때문이다. 따라서 대체 연료로서 충분한 의미가 있다. 게다가 미국의 셰일 가스 발견으로 천연가스 가격이 저렴해지면서 석탄 화력 대신 천연가스 화력이 주목받게 되었다. 또한 석탄 화력은 최근 문제가 되고 있는 미세 먼지도 천연가스보다 많이 배출되기 때문에 온실가스 문제와 미세 먼지 문제를 고려하면 당연히 천연가스 발전이 매력적일 수밖에 없다.

그렇지만 천연가스 화력에도 문제점은 있다. 비록 천연가스 가격이 저렴해지고 있기는 하지만 발전 단가에서 큰 비중을 차지하고 있는 가격과 아울러 높은 가격 변동성이 문제가 되고 있다(지금 이 글을 쓰고 있는 2022년 가을, 러시아-우크라이나 전쟁으로 유럽의 천연가스 가격은 4배 폭등했다). 그래서 전 세계 화력 발전소의 80% 정도는 석탄을 연료로 사용하는 석탄 화력 발전이다. 비록 환경 문제가 심각하다고는 하지만 그래도 경제적인 측면을 고려하면 석탄 화력이 우선순위가 된다. 게다가 화력 발전소는 사용 연한이 30-40년이나 되고, 수리와 개조를 통해서 발전소의 수명을 연장할 수 있는 경제성이 있기 때문에 과거에 건설된 석탄 화력 발전소를 환경 오염과 이산화탄소 방출을 이유로 일시에 가스 화력 발전소로 바꾸기는 현실적으로 어렵다.

더구나 2022년 봄에 벌어진 러시아와 우크라이나 전쟁으로 인하여 러시아가 유럽으로 공급하던 천연가스 공급을 중지하자, 유럽은 심각한 에너지 문제에 봉착하게 되었다. 특히 유럽에서 천연가스는 발전보다는 난방에 유용하게 사용되었다. 결국 전쟁으로 인한 정치적 문제가 에너지 문제로 발전하면서, 유럽은 다시 에너지 위기에 빠져들고 있다. 앞서 이야기했지만, 천연가스는 석탄보다 환경 오염이 적고, 이산화탄소를 상대적으로 적게 배출하는 우수한 품질의 연료이지만, 석탄처럼 대부분의 나라가 가지고 있는 자원이 아니라 특정한 국가에 의존해야 하는, 지역적 편중이 매우 심한 연료이다. 따라서 천연가스를 주요 에너지원으로 결정할 때는 신중한 지정학적 검토가 필요하다.

러시아의 천연가스 공급 중단 같은 일이 자주 벌어지게 되면 대부분의 국가는 에너지 자원 확보의 안정성을 고려해야 하기 때문에 결국 원자력, 석탄, 신재생 에너지 등 모든 에너지 자원을 다시 고려할 것이다. 아울러 지리적으로 가까운 러시아 가스 대신, 카타르나 미국에서 천연가스를 수입하는 데 필수적인 천연가스 터미널 건설에도 주력할 것이다. 이렇게 되면 천연가스도 발전용 석탄도 없는 우리나라는 화력 발전과 난방에 필요한 에너지 자원을 구하는 데 더욱 큰 어려움을 겪게 될 것이다. 결국 이런 정치적, 경제적 이유 때문에 청정에너지원인 천연가스를 사용하는 화력 발전의 비용은 높아질 것이며, 우리로서는 미래의 발전소 건설에서 고민이 하나 더 추가되는 셈이다. 높은 천연가스 가격을 수용하면서 낮은 전기 요금을 유지하는 것은 불가능하기 때문이다.

석탄 화력 발전의 작동 원리

이제 우리나라에서 가장 많이 운영되고 있는 석탄 화력 발전소의 작동 원리에 대하여 간단히 알아보자. 석탄 화력 발전의 기본 원리는 다음과 같다. 석탄을 큰 연소로에서 태우면서 내부에 설치된 관에 물을 흘리면 물은 연소로에서 열을 받아 고온, 고압의 수

증기가 된다. 이 고온, 고압의 수증기로 터빈을 돌리면 터빈이 고속으로 회전하면서 터빈 주변에 설치된 철심으로 구성된 고정자와 전자석으로 구성된 회전자와의 상호 작용으로 전류가 발생한다. 즉 전기가 만들어지는 것이다. 이 전기를 고압 송전탑을 통하여 도시 근처의 변압기로 보낸 후 변압기에서 가정에서 사용하기 적합한 220V로 전압을 낮추어 우리 집으로 들어오게 되는 것이다.

전기는 사용하기 매우 편리한 에너지다. 전기의 힘으로 작동되는 가전제품을 나열하자면 한이 없지만, 스위치를 켜기만 하면 전등이 켜지고, 선풍기가 돌아가고, 음악을 들을 수 있다.

전기를 난방에 쓴다고?

여기서 한 가지 우리가 반드시 알아두어야 할 것이 있다. 그것은 전기를 난방에 사용하는 것은 열역학적 측면에서 다소 어리석은 선택이라는 것이다. 한 가지 예를 들어보자. 여기 석유난로와 전기난로가 있다. 모두 대략 5평 정도의 공간을 난방하는 데 사용되는 크기라고 하자. 만일 석유난로에 필요한 열에너지가 100이라고 하면, 전기난로가 같은 열에너지를 방출하기 위해서는 대략 300 정도의 에너지가 필요하다. 앞서 설명했듯이 화력 발전에서 만들어지는 전기는 대략 효율이 35% 정도이기 때문이다. 즉 100 만큼의 석탄이나 천연가스가 발전소에 연료로 공급되면 여기서 전기는 대략 35%가 만들어진다는 것이다. 따라서 전기 에너지 35를 다시 열로 변환할 때의 효율은 95% 정도이므로 35만큼의 전기 에너지는 다시 34 정도의 열에너지로 변환되는 것이다.

따라서 100 만큼의 열에너지를 전기 난방기에서 얻기 위해서는 약 300의 석탄 에너지가 필요하다. 하지만 석유난로의 경우에는 이런 에너지 변환 과정이 필요 없기 때문에 100 만큼의 석유나 천연가스가 오롯이 난방에 필요한 열에너지로 그대로 바뀌는 것이다. 물론 현실적으로 전기난로와 석유난로 또는 가스난로를 열역학적 측면에서 이해하고 있는 에너지 효율로만 선택할 수는 없다. 전기난로는 석유난로나 가스난로보다 사용이 편하고, 냄새도 없고, 안전하고, 화력 조정도 쉽고 기타 많은 장점들이 있기 때문이다. 그리고 난방기 선택에는 구입 비용과 유지 비용, 전기료나 석유 가격 또한 중요한 선택 요인이 될 수 있다. 빨래를 말리는 데 사용되는 전기건조기와 가스건조기 또한 비슷한 사례가 될 것이다.

여기서 개인적으로 주장하고 싶은 것은 전기는 일반적인 열에너지보다는 고가의 에너지, 즉 연소된 연료의 일부분만을 사용하는 비싼 에너지라는 점이다. 이런 점을 알고 나면 전기로 작동되는 다양한 제품 사용에서 좀 더 신중하고 합리적인 선택을 하는 데 도움이 될 것이다.

변압기

전기를 이용하여 우리 삶에 편리함을 주는 다양한 전기, 전자 제품 이외에도 우리가 직접 접하지는 않지만 우리에게 편리함을 주는 장치들이 있다. 변전소, 발전소, 공작기계 등이 제대로 작동하는 데 꼭 필요한 장치로 변압기, 전동기(모터), 제너레이터 등이 있다. 이런 장치는 직접적으로 우리에게 편리함을 주는 제품은 아니지만, 이것들이 없으면 우리가 사용하는 대부분의 가전제품이나 전기로 작동하는 대규모 시설은 작동되지 않을 것이다.

화력 발전소의 입지는 대부분 원료를 취급하기 쉬운 항구나 냉각수 처리가 용이하고 인구 밀도가 적은 해안 지역에 있다. 그러나 전기를 사용하는 소비처는 대부분 대도시이다. 따라서 화력 발전소에서 만들어지는 전기는 부득이 장거리 송전을 해야 한다. 이때 전기는 전선을 따라 이동하면서 전선의 저항으로 전류 손실을 가져오게 된다. 이런 송전 손실을 최소화하는 방법은 전압을 올리는 것이다. 그래서 발전소에서 생산된 전기는 변압기를 통해서 수십만 볼트의 높은 전압으로 승압이 된다. 송전 전압이 높을수록 송전 과정에서 전기 손실이 적어지기 때문이다.

하지만 발전소에서 승압되어 송전선을 따라 도시로 온 고전압의 전기를 우리는 그대로 사용할 수 없다. 고전압의 전기는 위험하고, 가전제품 사용에 적합하지 않기 때문이다. 따라서 송전 선로가 도시 근처와 같은 전기 소비처에 오면 전압을 다시 낮추어야 한다. 이렇게 전압을 올리거나 낮추는 장치가 바로 '변압기'이다. 만일 변압기가 없다면 전기는 가정에서 사용하기에는 너무 위험하고, 발전소에서 송전도 낮은 전압에서 해야 하기 때문에 필연적으로 송전 손실이 커지게 될 것이다. 발전소에서 애써 만든 전기가 제대로 사용해 보지도 못하고 송전 과정에서 손실되는 것이다. 구슬이 서 말이라도 꿰어야 보배가 된다는 이치이다. 따라서 우리가 살면서 자주 보지 못하는 변압기가 얼마나 우리 삶에 중요한 것이었는지 이제 이해가 될 것이다.

제너레이터

송전선 설치가 어렵거나 비용이 너무 많이 들어 전기 공급이 어려운 산간 지역이나 섬에 사는 사람들에게도 전기는 필요하다. 그렇다고 모든 전기를 화력 발전소에서만 얻을 수는 없다. 이런 환경에 사는 사람들에게 필요한 전기는 주로 경유를 연소해서 얻은 연소 가스를 가지고 가스 터빈을 돌려서 만들어내는데 이것이 바로 제너레이터이다. 제너레이터는 기계적 일을 전기적 일(전기)로 바꾸는 장치이다. 흔히 비상 발전기라고 말하는 것이 이런 형태의 발전기인 것이다. 큰 공장이나 상업 시설에서 예기치 못한 단전 상황이 벌어지면 미리 준비한 비상 발전기에서 전기를 생산하여 단전에 따른 심각한 상황을 모면하는 것이다.

또한 제너레이터가 가장 잘 활용되는 곳이 바로 자동차이다. 내연 기관 자동차에도 전기가 필요하다. 실내등, 오디오, 각종 계기판 작동에 전기가 필요하기 때문이다. 이 경우 필요한 전기는 자동차에 있는 납축전지에서 공급이 된다. 하지만 자동차에 있는 납축전지의 용량은 매우 적은 편이다. 이 배터리는 자동차 시동을 걸 때 주로 사용한다고 볼 수 있다. 따라서 자동차의 다양한 전기 기기를 사용하기 위해서는 자체적으로 전기를 만들어서 필요한 곳에 써야 한다. 자동차에 필요한 전기는 엔진이 작동되면서 만들어진다. 즉 엔진이 시동되면 이와 연결된 구동벨트를 이용하여 전기를 생산하게 되는데, 이렇게 생성된 전기는 자동차의 배터리에 지속적으로 저장이 된다. 이런 제너레이터 덕분에 우리는 자동차에서 충분히 전기의 이점을 누리고 있는 것이다.

전동기

전동기는 전기 에너지를 기계적 에너지로 바꾸는 에너지 변환 장치이다. 전동기의 사용 범위는 매우 넓지만 우리가 자주 접하는 설비 두 가지만 간단히 설명하고자 한다. 바로 엘리베이터와 에스컬레이터이다.

우선 에스컬레이터의 구동력은 전동기에서 나온다. 필자도 나이가 드니 지하철역에서 이동을 할 때 계단보다는 에스컬레이터를 이용하는 일이 많아졌다. 과거에는 건강을 위해 일부러라도 계단을 이용했는데 무릎을 보호하라는 의사의 권고도 있고 해서 가능한 에스컬레이터를 이용하고 있다. 특히 요즘 지하철 역사는 깊은 지하에 만들다 보니 올라가는 높이도 높아져서 에스컬레이터가 노약자들에게는 필수가 되었다. 과거 젊은 시절의 계단 걷기와는 비교할 수 없는 편리함을 느낄 수 있게 된 것이다. 역시 전기의 힘이 얼마나 편리함을 주는지 모두 몸소 체험하며 살고 있다. 특히나 높은 계단을 오르기 어려운 노약자에게 지하철의 에스컬레이터는 그야말로 구세주와 같은 것이다. 이런 편리한 에스컬레이터는 '무빙워크'라고도 하는데 1892년 미국인 리노가 처음으로 특허를 받았다. 에스컬레이터는 엘리베이터처럼 기다릴 필요가 없고, 많은 대중이 한번에 이용할 수 있으며, 계단을 대신하는 모든 장소에 설치

가 가능하다는 장점이 있다. 지하철 노선이 점점 늘어나고, 역간의 이동거리와 이동해야 하는 높이가 늘어남에 따라 에스컬레이터의 역할은 점점 더 중요해지고 있다.

한편 도시의 고층 빌딩은 인간이 활용할 수 있는 자연의 공간을 확보하게 만드는 결과를 가져왔다는 글귀를 본 적이 있다. 무슨 이야기인가 하면, 만일 고층 빌딩이 없었다면 인간의 주거지로 자연에서 더 많은 공간을 차지할 수밖에 없게 되고, 이에 따른 자연의 훼손은 더욱 심각했을 것이라는 것이다. 그러고 보니, 우리나라 같이 인구 밀도가 높은 나라에서 고층 아파트가 없었다면, 대부분의 야산을 택지로 조성하느라 많은 환경 파괴와 산사태 같은 재해가 뒤따랐을 것이다. 우리가 아파트를 선호하는 것은 물론 생활의 편리함도 있겠지만, 좁은 국토 면적에서 택지를 조성해야 하는 어려움 때문이기도 하다. 그런데 이렇게 고층 빌딩을 건설하고 그것을 자유롭게 활용할 수 있는 이유 중 하나는 바로 엘리베이터의 발명이다. 만일 엘리베이터가 없었더라면 사람들이 고층 건물을 걸어 올라가거나 무거운 짐을 손에 들고 올라가야 했을 것이다. 그랬다면 과연 고층 건물이 지금처럼 많이 존재했을지 의문이다. 따라서 고층 건물은 엘리베이터 없이는 절대로 제 기능을 하지 못할 수밖에 없다.

엘리베이터가 전기의 힘으로 움직인다는 것은 모두 잘 알고 있을 것이다. 최초의 엘리베이터는 1854년 뉴욕 박람회에서 오티스라는 미국인에 의하여 소개가 되었다(오티스는 대표적인 엘리베이터 제조업체의 이름이 되었다). 그 후 백화점에서 무거운 물건을 나르는 용도로 개발이 되었고, 승객용 엘리베이터는 1857년에 선을 보였다. 이렇게 초창기에 무거운 짐을 나르기 위해서 발명된 엘리베이터는 이제 마천루의 상징 같은 존재가 되었다. 고층 빌딩에 최신식 엘리베이터를 선보이는 경쟁이 시작된 것이다.

현재 세계 인구의 50%는 도시에 산다고 한다. 그리고 엘리베이터의 하루 이용객은 10억 명이라고 한다. 얼마나 많은 사람들이 엘리베이터에 의존하는지 알 수 있는 수치이다. 이것만으로도 전기의 힘이 우리 삶을 얼마나 편리하고 새로운 방식으로 변화시켜 놓았는지 알 수 있다. 그리고 고층 건물이 점점 높아질 수 있는 이유 중의 하나는 높은 곳까지 엘리베이터를 이동시킬 수 있는 고성능 모터의 개발이 가능했기 때문이다. 이렇게 보이지 않는 곳에서 작동하는 전기 제품들로 세상은 계속해서 바뀌고 있다.

말나온 김에 우리의 일상 필수품이 되어버린 휴대 전화에 대해 살펴보자. 휴대 전화는 500~1,000개의 전기 부품으로 가득 차 있고, 이 모든 부품은 오로지 전기의 힘으로, 그것도 매우 미미한 전기의 힘으로 작동이 된다. 특히 중력 센서, 가속도 센서, 자이로 센서는 우리에게 유용한 정보를 주는 매우 작은 소형 전기 부품이다. 이런 부품들은 가격은 싸지만, 이런 부품의 역할로 우리는 엄청난 자유와 정보를 누리고 있다. 휴대 전화에 들어 있는 이런 수많은 부품이 전기에 의해서만 작동이 된다는 것을 보면 전기의 위력이 얼마나 대단한지 알 수 있다. 나는 종종 사람들이 휴대 전화 배터리가 방전이 될까 수시로 매우 예민하게 배터리 충전량을 확인하는 것을 보면서 과연 그들이 전기의 가치를 알고는 있을까 하는 의문이 든다.

배터리 강국

최초의 배터리는 1800년 이탈리아의 볼타가 처음으로 발명하였다. 그러나 그 후 약 200년 동안 배터리는 크게 발전하지 못했다. 그래서 우리가 어릴 적부터 보아온 '건전지'가 현재의 모습으로 진화할 것이라고는 아마 대부분 예상하지 못했을 것이다.

배터리는 전기를 저장하는 용기이다. 이 배터리는 이동하면서 전기를 얻을 수 있다는 장점이 있다. 즉 휴대하면서 필요에 따라 전기를 얻을 수 있다는 것이 화력 발전소에서 집으로 송전되는 전기와는 전혀 다른 점이다. 이동 중에도 전기가 필요한 경우에 쓸 수 있는 유일한 방법이 바로 배터리를 사용하는 것이다. 과거 배터리는 휴대용 라디오, 장난감, 오디오 또는 소형 가전제품에 사용이 되었고, 큰 용량의 배터리는 우리가 잘 아는 자동차 시동에 필요한 납축전지뿐이었다. 즉 과거 배터리는 장난감이나 소형 가전제품에 넣은 조그만 물건 그 이상의 의미는 없었던 것이다. 그리고 대형 배터리인 납축전지 또한 자동차 시동을 거는 데 필요한 정도로만 여겨지던 시대가 얼마 전까지였다.

사람들이 배터리에 관하여 관심을 가지기 시작한 것은 아마도 애플의 아이폰과 삼성의 갤럭시 같은 스마트폰이 대중적으로 확산된 2010년부터일 것이다. 1991년 소니사가 개발한 원통형 2차 전지는 기존의 한 번 쓰고 버리는 건전지와는 달리 수백 번의 충전과 방전이 가능한 배터리였다. 그래서 휴대 전화에 충전이 가능한 2차 전지가 사용이 되면서 사람들은 배터리의 수명과 사용 시간에 관심을 가지게 되었고, 당연히 오래가고, 값싼 배터리를 열망하기 시작하였다. 그리하여 니켈-카드뮴 배터리를 거쳐서 리튬 이온 배터리가 현재의 대표적인 2차 전지가 되었다.

배터리는 이제 과거 보조적 수단의 전기 공급 장치에서 주도적 전기 공급 장치로 바뀐 것이다. 그리고 그 출발점은 바로 전기 자동차와 전력 저장 장치(ESS)이다. 지구 온난화와 관련하여 신재생 에너지의 간헐적 전기 생산의 문제점을 해소하는 ESS와 내연기관 자동차의 이산화탄소 배출의 문제점을 해결하는 전기 자동차의 핵심은 모두 배터리이기 때문이다.

앞서 언급했듯이 전기 자동차의 핵심은 배터리이다. 현재 전기 자동차에서 배터리는 가격과 무게에서 가장 비중이 크다. 그래서 현재 주로 연구되는 배터리의 연구 분야는 배터리의 수명, 용량, 가격이다. 과거 내연 기관 자동차의 시동을 걸기 위해 사용되던 축전지에서 시작한 자동차용 배터리는 이제 휴대 전화, 노트북에 이어서 전기 자동차 구동의 핵심 부품이 된 것이다. 최근에 테슬라 전기 자동차에서 촉발된 전기 자동차의 보급이 세계적으로 폭발적으로 이루어지고 있으며, 이에 따라 전기 자동차에 들어가는 배터리의 중요성이 점점 더 커지고 있다. 그동안 일본과 미국, 유럽의 기술을 받아서 개량하기에 급급했던 우리나라의 제조업에 새로운 이정표가 생긴 것이 바로 우리의 배터리 제조 기술이 세계 최고의 기술과 품질로 전 세계 배터리 시장을 주도하고 있다는 점이다. 즉 우리나라가 배터리 강국이 되었다고 할 수 있다. 그동안 우리나라의 제조업은 세계의 우수한 기술을 전수받아 생산성과 효율성을 높이는 빠른 추적자 모델(fast follow)로 여기까지 왔지만, 이제는 전 세계에서 가장 앞선 기술을 선도하는 선도자(first mover)로 멋지게 변신하는 계기가 된 것이다.

필자가 속한 화학 산업 또한 대부분의 기술이 미국이나 다국적 화학 기업의 기술로 이루어진 것이기 때문에 이런 배터리 기술의 자주 독립은 한국 산업계의 획기적인 사건이 아닐 수 없다. 개인적인 의견으로는 이런 성공적인 배터리 연구와 산업화의 숨은 공로자는 오랜 기간 배터리 연구를 가능하도록 허락한 기업이라고 생각한다. 대부분의 제조 기업은 매년 이익 창출에 집중하기 때문에 당장 이익이 나지 않는 사업은 오래 지속하지 않는다. 하지만 다행히 배터리 연구가 오랜 기간 적자를 내면서도 유지가 된 것은 아마도 오너의 통찰력과 직관, 그리고 연구 책임자의 설득이 있었을 것이란 생각이다. 이는 실로 엄청난 결과를 창출하게 되었다. 오랜 기간 한 우물을 판 결과 얻은 성공이었다. 사실 오랜 기간 한 가지 제품을 연구한다고 그 제품을 모두 성공적으로 시장에 내놓을 수는 없다. 여기에는 타이밍과 운, 그리고 시대적 요청이 따른다. 그런 점에서 국내 배터리 산업의 성공은 오랜 연구와 우수한 연구 능력, 시대를 예견하는 예지력 그리고 운으로 얻은 성공이라고 할 수 있다.

우리나라의 세계적인 배터리 기업은 LG에너지솔루션, 삼성SDI, SK온이다. 그중에서 자동차용 배터리의 원조는 단연 LG에너지솔루션이다. 과거 필자가 LG화학 연구소에 근무한 인연으로 LG화학의 배터리 역사에 대하여 최근에 대략적인 정보를 듣고 나서 추론한 개인적인 결론이다.

자동차용 배터리는 일반 소형 배터리와 달리 수천 개의 소형 배터리가 한 번에 자동차에 장착되어야 하기 때문에 배터리의 배열과 통합 관리가 필수적이다. 즉 자동차에 적합한 특수한 배터리가 필요하다는 것이다. 과거에 소형 2차 배터리는 일본의 파나소닉, 삼성SDI에서 소형 가전제품용으로 이미 개발이 되어 있었다. 하지만 자동차에 적용할 때는 보다 세심한 설계가 필요했다. 자동차에 필요한 배터리는 일반 가전제품에 들어가는 소형 배터리가 수천 개 이상 필요하기 때문이다. 그 수천 개의 배터리가 직/병렬로 완벽하게 연결되어야 하고, 동시에 충분한 충전과 방전이 이루어지기 위한 통합 운영이 필요한데, 이를 위하여 일정한 개수의 셀을 한데 묶는 배터리 팩이 적용되었다. 배터리 팩은 배터리 통합 운영의 기본적인 구성 성분이 된 것이다. 그러다 보니 배터리 포장 용기를 어떻게 만드는 것이 가장 효율적이고 안전한가 하는 문제가 대두되었다. 이 배터리 팩은 크게 원통형, 파우치형, 각형이 있다.

원통형은 가장 오래된 방식으로 현재 테슬라가 이 방식의 파나소닉 셀을 이용하고 있다. 비용이 저렴하고, 팩의 구조도 단순하고, 셀 생산도 최적화되어 있어 생산하고 있지만, 전체적인 팩 효율은 떨어진다. 한편 각형 배터리 팩은 삼성SDI에서 생산하는 것으로 저가 생산이 용이하지만 셀의 에너지 밀도가 떨어지는 단점이 있다. 하지만 LG에너지솔루션의 파우치형은 앞선 두 방식의 단점을 모두 극복했기 때문에 전기 자동차가 요구하는 높은 배터리 효율성에 부합하는 배터리 팩으로 인정받고 있다. 그래서 LG에너지솔루션이 자동차용 배터리에서 현재 가장 우수한 기업이라고 개인적으로 자신 있게 말하는 것이다.

혹자는 우리나라보다 더 많은 배터리를 생산하는 중국이 우리나라보다 배터리 기술이 앞선 것으로 생각한다. 물론 배터리 판매 실적을 보면 중국이 앞서고 있지만, 배터리의 품질 면에서 현재 우리나라가 가장 뛰어나다. 전기 자동차용 배터리의 핵심 부품은 양극 물질, 음극 물질, 분리막, 그리고 전해질이다. 여기서 양극 물질로는 인산철계와 삼원계가 있다. 중국은 주로 인산철계, 우리나라는 삼원계 금속을 양극 물질로 사용하는 것이 큰 차이점이다. 삼원계 양극재는 인산철계와 대비하여 같은 부피와 무게의 배터리 기준으로 주행 거리가 더 길다. 그래서 우리가 중국보다 우수한 성능을 가진 자동차용 배터리를 생산하고 있다는 뜻이다. 즉 전기 자동차에서 가장 중요한 배터리의 에너지 밀도가 높다는 것이다. 그래서 우리나라는 세계 최고의 품질을 가진 자동차용 배터리를 생산하는 배터리 강국임을 부정할 수 없다.

그동안 우리나라가 중화학산업과 제조업으로 오랜 기간 수출을 통해서 국가 발전을 이루어 왔지만, 대부분의 산업은 모두 미국과 일본, 유럽의 기술을 이전받아서 운영과 관리를 잘 해왔기 때문이었다. 그렇게 최고의 기술 추적자 모습은 보여주었지만, 단 한 번도 세계 시장을 리드한 적은 없었다. 그러다가 2006년 국내 기업

OCI에서 태양 전지의 기초 소재인 폴리실리콘을 자체 개발하여 당시 최고의 기술을 가진 미국이나 독일 기업과 대등한 기술력을 보여주었다. 비록 전 세계 폴리실리콘 시장을 기술이나 품질로는 주도하지 못했지만 선진국과 대등한 기술력과 생산 실적이었다. 이 성공은 우리나라 제조업체에게도 기술 자립이 가능하다는 희망과 자부심을 안겨주었다. 하지만 저가 중국 제품의 물량 공세를 이기지 못하고, 몇 년 후에는 세계 시장에서 선도적 지위를 잃고 말았다.

그에 비하면 배터리는 그야말로 전 세계 전기 자동차용 배터리 시장을 주도하고 있다. 우리나라의 기술과 생산시설로 만든 제품이 전 세계 시장을 선도하는 일이 벌어진 것이다. 이것은 우리나라의 산업화 역사에서 신기원을 마련한 것이다. 그래서 우리는 이에 자부심을 가져야 하며, 여기까지 이끈 연구자들의 노고를 치하해야 한다. 전기 자동차용 배터리는 단순히 대량 생산으로 만든 '그렇고 그런' 제품이 아니라, 우리의 뛰어난 기술력을 세계에 보여준 쾌거이다. 이제 남은 과제는 우리나라 배터리 3개사가 경쟁과 협력으로 선도자의 자리를 오랫동안 지켜야 한다는 것이다.

또 다른 배터리의 대규모 수요처는 전력 저장 장치이다. 우리나라에서는 기업체에서 필요로 하는 비상용 전력을 공급하기 위해서, 그리고 신재생 에너지의 잉여 전력을 저장하기 위해서 전력 저장 장치의 개발이 시작되었고, 2015년부터 전력 저장 장치 시범 사업으로 확대되면서 시장 규모가 점점 커졌다. 그러나 2018년부터 전력 저장 장치에서 발생한 수십 건의 화재로 말미암아 현재는 성장이 주춤한 상태이다. 배터리에 의한 화재는 리튬 이온 배터리의 단점으로 지적받아 왔다. 그 문제의 원인은 배터리에 사용되는 전해질이 액체 용액이라는 것이다. 그래서 이런 액체 전해질을 고체 전해질로 바꾸어서 배터리 화재 문제를 해결하는 연구가 진행 중이기는 하나, 아직까지 기술적으로 해결해야 하는 과제가 많다. 따라서 조만간에 자동차용과 전력 저장 장치용 고체 전해질 배터리를 보기는 어려울 것으로 개인적으로 생각한다. 하지만 전력 저장 장치는 신재생 에너지의 보급 확대에 핵심적인 역할을 하는 매우 중요한 설비이다.

알다시피 신재생 에너지는 청정에너지이고, 풍력이나 태양복사는 무한정, 공짜로 얻을 수 있는 자원이기는 하지만, 풍력 발전은 바람이 불 때만 태양 전지는 햇빛이 있을 때만 전기를 생산할 수 있다는 단점이 있다. 이것을 간헐적 전기 생산이라고 한다. 따라서 전기를 생산하는 시간과 전기를 사용하는 시간의 차이가 발생한다. 이 시간적 간극을 해결하는 방법이 바로 전력 저장 장치이다. 바람이 잘 불거나, 햇빛이 좋은 날 얻은 전기를 대형 배터리로 구성된 저장 장치에 저장해 놓았다가 전기 수요가 증가하는 시간에 전기 수요처로 전기를 보내주는 것이다. 하지만 아직도 전력 저장 장치가 대규모로 광범위하게 적용되기에는 몇 가지 문제가 있다. 첫 번째는 배터리의 가격이다. 즉 전기를 저장하는 데 필요한 배터리의 가격이 저장되는 전기의 양에 비하여 비교적 비싸다는 것이다. 둘째는 필요한 전기를 송전하기 위한 직류와 교류의 변환, 주파수 조정과 같은 조정 설비가 필요하다는 것이다. 마지막으로 수요처에서 요구되는 전력을 빠른 시간에 방출하는 고출력 방전 기술 같은 기술적 문제들이 아직 완전하지 않다는 것이다. 하지만 근본적으로 배터리 관리에 관한 통합적 통제 기술 개발 속도가 빠르게 진행됨에 따라 경제적이고 안전한 전력 저장 장치가 보급될 것으로 예상된다. 그래야만 신재생 에너지는 안정적 전기 공급이라는 신뢰를 확보하면서 날개를 단 듯 보급 확장이 이루어 질 것이다.

그런데 배터리는 휴대용 전력 공급 장치이기 때문에 가정으로 송전되는 전기보다 가격이 매우 비싸다. 이해를 돕기 위해 아주 간단한 예를 들어보자. 우리가 사용하는 10W 백열등을 100시간 사용하면 전력 소비는 1kWh가 된다. 이때 지불하는 전기료는 누진세가 없다면 대략 120원 정도이다. 반면에 우리가 일상에서 보는 일회용 건전지 알칼리 AA배터리(휴대 전화에 사용되는 2차 전지는 아니지만, 대략 2,000mAh, 1.5V)는 약 3Wh의 에너지를 가지고 있다. 그리고 가격은 사용처와 제조사에 따라 4배까지 차이가 나지만 대략 중간 제품을 선정하면 개당 200원 정도이다. 따라서 1kWh의 전기

에너지를 가지려면 300개의 AA알칼리 건전지가 필요하고, 배터리 구입 비용은 대략 6만원이다. 물론 고압의 전기가 필요 없고, 특정한 제품에 적합한 상황을 고려하면 이런 단순 비교가 다소 무리이기는 하지만, 그래도 대충 비교해 보면 발전소에서 집으로 송전되는 전기료의 거의 500배 이상이나 된다(자동차나 휴대 전화에 사용되는 2차 전지의 경우에는 반복적인 충전이 가능하기 때문에 단순 비교가 어렵다). 이제 배터리가 일반 가정에서 사용하는 전기와 비교하여 얼마나 비싼 전기 저장 장치인지 알 수 있을 것이다. 하지만 배터리는 휴대용이기 때문에 어느 장소에서도 사용 가능하다는 효용 가치를 가지고 있다. 즉 바다나 산간 지역, 야외, 계통선 설치가 어려운 곳 어디서나 사용이 가능하다. 다시 말해서 자동차나 휴대 전화, 노트북 같은 이동 장치에 전기를 공급할 수 있다.

지금까지 우리는 전기의 발명과 활용, 배터리의 최근 발전 과정을 살펴보았다. 항상 그렇듯이 어떤 혁신적인 제품은 기존의 상식을 파괴하는 사회적, 경제적 변화를 가져온다. 오늘날과 같은 배터리의 변신을 어느 누가 예상했겠는가? 이처럼 에너지는 끊임없이 우리 사회 곳곳에서 변화와 창조를 가져오고 있다. 그리고 우리는 그것을 매일매일 지켜보고 있다.

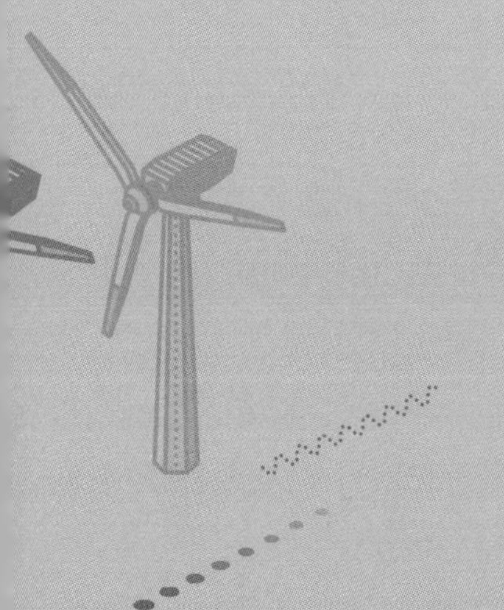

제5장

자동차의 미래

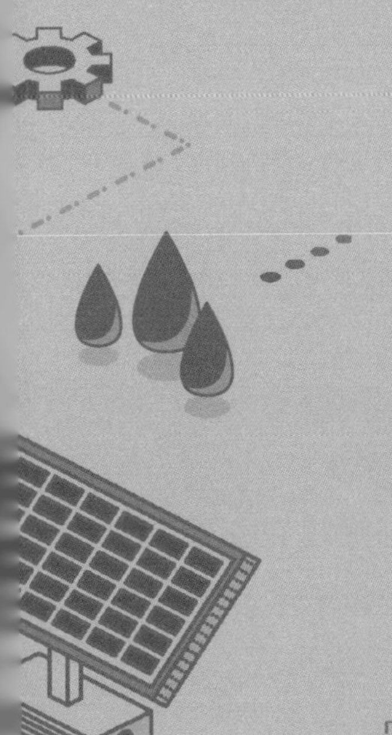
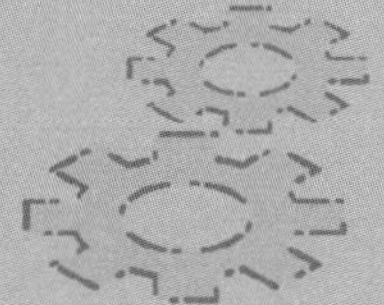

마차에서 자동차로

1909년 정신 분석학의 대가 지그문트 프로이트는 클라크 대학에서의 강연을 위해 처음으로 미국을 방문한다. 내가 재미있게 읽은 소설 『살인의 해석』은 1909년 프로이트가 강연을 위해 미국에 방문했을 때 뉴욕 맨해튼에서 살인 사건이 발생하여 프로이트와 그의 제자 융이 함께 범인을 추적한다는 추리 소설이다. 책의 제목을 보면 프로이트의 대표 저서인 『꿈의 해석』을 패러디했음을 알 수 있다. 예일대 법대 교수이기도 한 이 책의 저자 제드 러벤펠드는 소설에서 당시의 뉴욕 거리 모습, 건물, 도로, 다리 등을 정확히 재현하기 위해 전문 조수를 고용하여 정밀한 고증을 했다고 한다. 그리하여 이 소설은 1909년의 뉴욕을 완벽하게 재현했다는 평을 받게 되었다. 소설을 읽어보면 알겠지만, 당시 뉴욕에서 이용되는 대부분의 운송 수단은 말이 끄는 마차였다. 가끔은 쾌쾌한 매연

을 내뿜는 자동차가 등장하기도 한다. 그렇다면 마차는 언제 뉴욕에서 사라졌을까? 그렇게 갑자기 사라진 이유는 무엇일까?

영국에서 시작된 산업 혁명이 독일, 프랑스, 미국으로 전파되면서 전 세계적으로 산업이 급속하게 발전하게 되었다. 이에 따라 상업 또한 크게 성장하게 되었다. 상업이 발전함에 따라 짐을 싣는 마차 크기가 커지게 되었고, 이에 따라 마차를 끄는 말의 수요 또한 늘어났다. 그러자 곧 말의 배설물이 도시 문제로 부상하게 되었다. 게다가 마차의 숫자가 늘어나다 보니 마차의 충돌이나 사고로 말의 사체가 길에 널브러지게 되었고 이것은 악취와 오염의 원천이 되었다. 이렇게 말의 수요와 공급, 말의 배설물과 사체의 위생적 관리, 도로 파손 같은 문제들이 발생하기 시작하자 점차 사회적 문제로 커지게 되었다. 이와 반대로 당시 막 등장한 내연 기관 자동차는 처음에는 지독한 배기가스 냄새와 매연, 잦은 엔진 고장으로 그다지 좋은 평을 받지는 못했다.

하지만 그러한 문제점들이 하나둘 개선되면서 성능이 좋아지자, 순식간에 마차를 대체할 수 있는 운송 기관이 되었다. 앞서 석유와 관련된 이야기에서 언급한 석유왕 록펠러가 품질 좋은 가솔린과 디젤을 생산하고자 정유 기술에 대한 연구에 집중한 덕분에 고품질의 가솔린이 개발되었고, 아울러 기계공학의 발전으로 엔진 성능이 좋아졌기 때문이다. 더군다나 당시 건설을 시작한 미국 전역을 관통하는 고속도로 덕분에 내연 기관 자동차는 순식간에 새로운 교통수단의 대명사가 되었다. 여기서 흥미 있는 사실은 당시에는 전기 자동차 또한 마차의 대체 수단으로 각광을 받았다는 것이다.

당시 전기 자동차는 내연 기관 자동차보다 고장이 적고, 시동도 쉽게 걸리고, 매연도 없고 조용해서 오히려 더 인기가 있었다. 그런데 자동차 보급이 증가하고, 고속도로 건설로 사람들의 이동거리가 늘어나기 시작하자, 전기 자동차의 단점인 짧은 주행 거리와 부족한 충전 시설이 문제가 되었다.

이와는 반대로 록펠러가 운영하는 석유 기업인 엑슨은 전국에 주유소를 설치하면서 전국적인 유통망을 완전히 확립했기 때문에 장거리 운전에 따른 주유에 아무 문제가 없었다. 이로써 말의 대체 운송 수단으로 내연 기관 자동차와 전기 자동차의 싸움에서 내연 기관 자동차가 완벽한 승리를 거두게 된 것이다. 이렇게 100년 이상 지구상에서 최고의 운송 수단으로 각광받던 내연 기관 자동차가 이제 지구 온난화의 영향으로 전기 자동차에게 그 지위를 넘겨주게 될 처지에 놓이게 되었다.

우리는 이제 100년 전 뉴욕 사람들이 경험했던 새로운 자동차의 시대를 눈앞에 두고 있다. 말의 배설물이 마차의 소멸 원인이었듯이, 이산화탄소 배출이 내연 기관 자동차 몰락의 원인이 된 것이

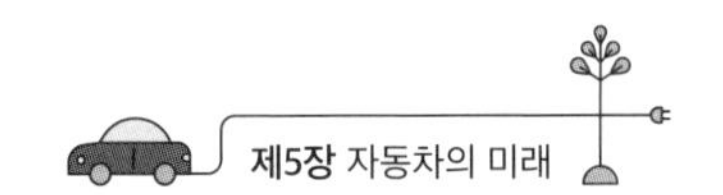

다. 절대로 석유가 부족해서 내연 기관 자동차가 사라지는 것은 아니라는 뜻이다.

자동차 배기가스 규제

과거 자동차와 관련된 가장 큰 환경 문제는 바로 배기가스에 의한 대기 오염이었다. 이와 관련하여 가장 규제가 심한 곳이 바로 미국 캘리포니아였다. 캘리포니아처럼 앞은 넓은 태평양이고, 뒤는 거대한 로키산맥에 막혀 있는 지형에서는 대기가 오랫동안 시내에 체류하기 때문이었다. 그래서 캘리포니아는 전 세계에서 가장 강력한 자동차 배기가스 규제를 하는 지역으로 유명하다. 하지만 이제는 지구 온난화의 원인이 되는 이산화탄소 방출이 자동차와 관련된 가장 큰 문제로 우리 앞에 나타났다.

우선 자동차에 의한 대기 오염 문제를 설명하자면, 우리나라의 경우 자동차 배기가스에 의한 대기 오염의 주범은 바로 버스와 화물차이다. 내연 기관은 크게 가솔린 엔진과 디젤 엔진을 사용한다. 차이점을 간단히 설명하면, 가솔린 엔진은 휘발유와 공기가 미리 섞여서 엔진 실린더로 들어가 점화 플러그에 의해 연소되는 데 비하여, 디젤 엔진은 엔진 실린더에 공기가 압축된 후 디젤 연료가 실린더

위에서 분사되면서 자연 발화로 연소가 일어난다. 따라서 디젤 엔진이 가솔린 엔진에 비하여 실린더 내에서 압축이 크게 일어나기 때문에 팽창 힘이 커서 가솔린 엔진보다 더 큰 힘을 낼 수 있다.

그러나 디젤 엔진에는 두 가지 문제점이 있다. 첫째로 공기 압축 후에 실린더 위에서 뿜어주는 디젤 연료의 균일한 분사가 어렵기 때문에 미연소되는 연료가 생기게 되고, 이것은 주로 작은 탄소 입자를 방출하게 된다. 우리는 흔하게 언덕을 올라가는 버스나 화물차의 배기관에서 배출되는 검은 연기를 보게 되는데, 이 검은 연기가 바로 작은 탄소 덩어리(soot) 또는 검댕이라는 것이다. 이 매우 작은 탄소 입자가 우리의 폐를 위협하는 대기 오염 물질 중의 하나이다.

둘째로 디젤 엔진은 가솔린 엔진보다 높은 온도에서 연소가 되기 때문에 질소 산화물(NOx)이 더 많이 발생한다. 질소는 매우 안정한 물질이어서 산소와 쉽게 결합하지 않는다. 즉 산화가 잘 되지 않는다. 과자 봉지가 빵빵한 이유는 산화를 방지하기 위해 질소를 넣었기 때문이다. 그런데 이런 질소도 온도가 높은 환경에서는 산소와 결합하여 질소 산화물을 생성한다. 이 질소 산화물은 더운 여름에 태양빛에 의한 광반응으로 오존을 발생시키는데, 이것이 바로 피부와 호흡기를 상하게 하는 환경 오염 물질이다. 그래서 여름철 오후에는 외출을 삼가라는 정부의 권고가 나오는데, 버스나 트럭에 의해 배출된 질소 산화물이 한여름 오후의 뜨거운 태양빛

과 반응하여 오존이라는 오염 물질이 발생하기 좋은 환경이기 때문이다.

따라서 개인적으로 대표적인 대중교통인 버스를 디젤 버스 대신에 천연가스 버스로 대체한 사업을 가장 성공적인 대중교통 개선 사업이라고 평가한다. 시내를 다니는 버스의 앞부분에 CNG(compressed natural gas), NGV(natural gas vehicle)라는 영문 표시가 있으면 천연가스로 작동되는 버스라는 뜻이다. 천연가스는 디젤에 비하여 탄소에 대한 수소의 비율이 높기 때문에(천연가스는 탄소 1: 수소 4, 디젤유는 탄소 1: 수소 2이다) 디젤 엔진에서 발생하는 검댕이도 안 나오고, 질소 산화물도 적고, 게다가 지구 온난화의 주범인 이산화탄소도 디젤 엔진보다 훨씬 적게 나온다. 그러면 이쯤에서 이런 의문이 생길 것이다. 이렇게 좋은 점이 많은 천연가스 버스를 왜 진작 사용하지 않았을까?

그것은 천연가스가 자동차 연료로 사용되는 데 있어서 충족해야 하는 필수적인 조건 때문이다. 바로 천연가스를 담는 용기와 천연가스 충전소라는 전제 조건이다. 천연가스는 기체이기 때문에 단위 부피당 질량이 적다. 따라서 충분한 거리를 주행하는 데 필요한 연료로서의 역할을 하기 위해서는 압축을 통해 단위 부피당 질량을 늘려야만 한다. 즉 천연가스를 압축하여 탱크에 넣는 충전소가 필요하다. 충전소는 고압에서 작동하는 대형 압축기가 필요하고, 버스나 트럭에 설치할 고압의 천연가스를 저장하는 고압 용기 또한 필요하다. 따라서 용기의 안전과 충전소 설치 비용 문제가 제기된다. 다행스럽게도 버스의 경우에는 일정한 노선을 따라 가기 때문에 운행 거리를 잘 알 수 있고, 또 버스 종점에 충전소를 설치하게 되면 쉽고 효율적으로 천연가스 버스를 관리할 수 있게 된다. 게다가 버스는 공간의 여유가 있어서 무겁고 커다란 천연가스 압축 용기를 차량에 장착하는 데 큰 문제가 없다. 개인적 의견으로는 우체국의 우편물 배달 차량, 항구와 공장을 주기적으로 운행하는 화물차에도 천연가스로 운행되는 차량이 효과적이라고 생각한다.

현재 자동차에 의한 대기 오염의 주요 원인이 되었던 황산화물은 정유 공장에서 탈황 처리를 한 저유황 가솔린을 생산하면서 원천적으로 황산화물의 생성이 줄었고, 자동차 엔진과 배기관 사이에 설치된 촉매 변환기에서 배기가스가 다시 한 번 정화되기 때문에 황산화물의 대기 방출은 매우 미미하다. 따라서 가솔린 자동차의 대기 오염 문제는 어느 정도 해결이 된 상태이다. 한편 디젤 자동차에서 발생하는 오염 물질로는 질소 화합물과 미세 먼지가 있다. 우선 미세 먼지 또는 작은 탄소 입자는 화물차의 배기관 끝에 설치된 DPF(Diesel Particulate Filter)라는 필터로 걸러진다. 그리고 질소 산화물은 배기가스를 처리하는 촉매 변환기에서 인체에 무해한 질소로 환원이 되는데, 여기에 필요한 첨가물이 바로 요소수이다.

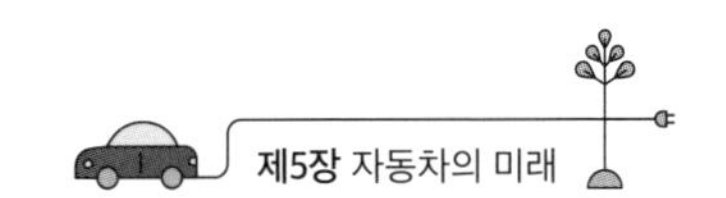

2021년 우리나라의 주유소에서 발생한 요소수 파동은 디젤 엔진에서 나오는 질소 산화물을 처리하는 촉매 변환기에 필요한 첨가물인 요소수의 공급 부족으로 발생한 것이다. 결국 가솔린 엔진에서의 황산화물, 그리고 디젤 엔진에서의 미세 먼지 및 질소 화합물에 의한 대기 오염은 그리 비싸지 않은 요소수와 미세 입자 필터 사용으로 사실상 해결된 셈이다.

그동안 우리를 괴롭혀왔던 황산화물, 질소 산화물, 미세 먼지 등이 공학 기술의 발전으로 해결되었지만, 새로운 형태의 자동차 배기가스가 또 다른 문제를 가져왔다. 자동차, 버스, 트럭, 선박에서 사용하는 화석 연료의 연소로 발생하는 이산화탄소는 사실 우리 몸을 위협하는 유독 물질은 아니다. 이산화탄소를 냉각해서 고체로 만든 것이 바로 드라이아이스인데, 우리가 아이스크림 가게에서 흔히 볼 수 있는 인체에 무해한 물질이다. 그래서 그동안 자동차에서 배출되는 이산화탄소에는 관심을 갖고 있지 않았다.

그런데 1990년대에 이산화탄소가 지구 온난화를 가져오는 온실 효과를 불러일으키는 대표적인 온실가스라는 것이 과학적으로 입증되면서 지구 온난화에 위협적인 성분이 된 것이다. 물론 지구 온난화의 주범인 이산화탄소가 자동차, 트럭, 버스와 같은 운송 기관에서만 방출되는 것은 아니다. 주요 발생원은 운송 기관뿐만 아니라 석탄 화력 발전소. 공장, 가정이었다. 그런데 화력 발전소나 공장은 한곳에 고정된 이산화탄소 발생원이기 때문에 새로운 기술을 적용하여 이산화탄소 배출을 줄일 수 있는 다양한 기술이 있다. 또한 정부의 규제를 통해서도 강압적으로 줄일 수 있다. 하지만 자동차로 대표되는 운송 기관은 이동하면서 이산화탄소를 배출하기 때문에 석탄 화력 발전소의 CCS 설비 같은 기술 적용도 어렵고, 일률적인 정부 규제도 어렵다. 그래서 현재로서는 전기 자동차라는 새로운 대안밖에 없는 실정이다. 게다가 자동차는 전 세계적으로 수요가 지속적으로 증가하고 있기 때문에 자동차에 의한 이산화탄소 방출을 억제하기는 매우 어렵다. 이 문제의 해결책으로 오랫동안 연구되어 온 미래의 자동차가 바로 전기 자동차와 수소 연료 전지 자동차이다. 미래의 자동차는 당연히 지금의 문제점을 해결하고 더욱 편리하고 발전된 자동차를 말하는 것이다. 그러나 실상은 그리 녹록지 않다.

전기 자동차와 수소 연료 전지 자동차

전기 자동차의 부활

전기 자동차는 사실 최근에 만들어진 새로운 개념의 자동차는 아니다. 앞서 언급했듯이 이미 100년 전에 사람들이 사용했던 자동

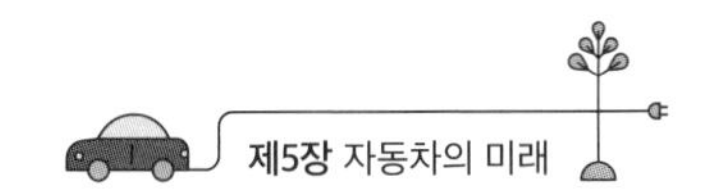

차다. 당시에는 가솔린이나 디젤을 사용하는 내연 기관 자동차와 전기 자동차가 시장에서 치열하게 경쟁하는 상황이었다. 당시 내연 기관 자동차 연료는 매우 불량했으며 엔진 성능 또한 문제가 많았다. 이와 달리 전기 자동차는 시동의 문제도 없고, 매연도 없고, 정숙한 주행으로 경쟁력이 있었다.

그런데 엑슨(과거 '스탠다드 오일')으로 대표되는 미국 정유 공장의 기술 발전으로 성능 좋은 휘발유와 디젤이 생산되고, 연료 특성에 잘 맞는 정교한 내연 기관 엔진이 개발되고 있었다. 그리고 막 건설된 고속도로는 전기 자동차에게 치명타를 안겨주었다. 그때부터 전기 자동차는 더 이상 내연 기관 자동차의 경쟁자가 되지 못했다. 고속도로의 건설로 사람들이 과거 집과 도심과의 단거리 생활 패턴에서 타 지역으로의 장거리 여행이 가능하게 되었기 때문이다. 즉 한 번의 충전으로 갈 수 있는 짧은 거리는 전기 자동차의 치명적 단점이 되기 시작했던 것이다. 고속도로를 이용하여 장거리 여행을 하는 사람들이 늘어나면서 도시 외곽이나 고속도로변에 전기 충전소를 설치해야 하는 어려운 점이 나타나기 시작한 것이다. 그리하여 1881년에 등장한 전기 자동차는 1920년경에 시장에서 완전히 사라지게 되었다.

최근 전기 자동차의 부활은 당연히 지구 온난화와 자동차가 배출하는 오염 물질 때문이다. 내연 기관은 가솔린, 디젤을 연료로 태우는데 이 과정에서 이산화탄소가 발생하고, 황산화물, 질소 산화물, 미세 먼지가 많이 발생한다. 사람들의 생활 수준이 높아지면서 자동차와 선박, 비행기의 이용이 증가하게 되고 이러한 내연 기관을 사용하는 운송수단에서 배출하는 이산화탄소와 환경 오염 물질이 우리의 건강과 지구 기후에 위협적일 정도로 위험한 수준까지 증가하게 된 것이다. 자동차 업계의 지속적인 연구와 노력으로 대기 오염 문제는 거의 해결이 되었는데, 또 다른 문제가 내연 기관 자동차 업계에 나타난 것이다. 특히 자동차 보급이 늘고, 자동차의 운행 거리가 길어지면서 자동차에서 배출되는 이산화탄소의 양은 과거와는 비교할 수 없을 정도로 증가하면서 이것이 지구 온난화의 주범인 이산화탄소의 주요 발생원이 된 것이다.

이산화탄소 데이터

마이크로소프트를 설립한 IT 업계의 거물 빌 게이츠가 2021년에 출간하여 대중의 관심을 받은 책 『기후재앙을 피하는 법』에는 이산화탄소의 배출에 관한 자세한 자료들이 소상하게 수록되어 있다. 빌 게이츠는 이 책에서 부자가 좋은 점 중 하나는 자신이 궁금해 하는 이산화탄소 관련 데이터를 쉽고 빠르게 얻을 수 있는 거라 말한다. 자본주의 사회에서 돈의 힘을 보여주는 대표적인 광경이다. 어쨌든 그 덕분에 우리도 이산화탄소 배출에 관한 정확하고 자

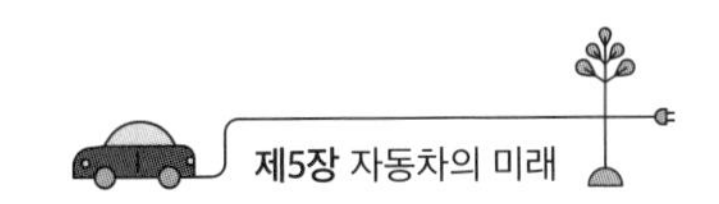

세한 정보를 책을 통해 얻을 수 있다.

책에 따르면, 우리는 매년 510억 톤의 온실가스를 대기권에 배출하고 있다. 그것을 배출원에 따라 구분해보면 전기 생산 과정에서 약 137억 톤, 제조와 관련된 산업체에서 158억 톤, 동물의 사육과 식물 재배 과정에서 97억 톤, 교통과 운송에서 82억 톤, 냉방과 난방 과정에서 36억 톤이 방출된다고 한다. 이 수치가 어느 정도인지 감이 잘 오지는 않겠지만, 중요한 것은 우리 일상생활 모든 영역에서 이산화탄소가 발생하고, 특히 전기 생산과 제조업에서 이산화탄소의 방출이 많다는 점이다. 아울러 우리가 타고 다니는 자동차로 인해 80억 톤 이상의 이산화탄소 방출이 발생한다는 점이다.

여기서 강조하고 싶은 점은 전기의 생산이나 제조에서 방출하는 이산화탄소에 비하여 자동차에 의한 이산화탄소의 방출 증가율이 높아지고 있다는 것이다. 이것은 생활 수준 향상으로 개발 도상국 국민들의 자동차 수요가 증가하고, 아울러 비행기 여행이 두드러지게 증가했기 때문이다. 따라서 아직은 화력 발전소에서 방출하는 이산화탄소의 양보다는 적지만, 자동차의 증가 추세로 미루어 보면 조만간 발전소에서 배출하는 수준으로 이르게 될 것으로 예상하고 있다. 이런 문제점 때문에 사람들은 다시 과거의 전기 자동차를 새로운 운송 수단으로 고려하게 된 것이다.

전기 자동차의 빛과 그림자

전기 자동차는 자동차에 내장된 배터리의 힘으로 전기 모터를 돌려서 작동한다. 장점으로는 자동차 구조가 간단해서 부품의 종류가 적고, 따라서 유지 보수가 간단하고, 비용이 적게 든다는 것이다. 또한 소음이 없으며, 무엇보다 환경 오염 물질인 황산화물, 질소 화합물, 미세 먼지가 없다. 그리고 더욱 중요한 사실은 이산화탄소의 배출이 전혀 없다는 것이다. 하지만 문제는 바로 배터리 생산과 배터리에 저장되는 전기의 성격이다. 즉 전기 자동차 충전소에서 배터리에 충전하는 전기가 어떤 에너지원에서 만들어진 것인가에 따라 전기 자동차의 장점이 바뀔 수 있다는 뜻이다.

만일 전기 자동차 충전소의 전기가 석탄이나 천연가스를 연료로 하는 화력 발전소에서 만들어졌다면, 이것은 전기 자동차의 장점을 상쇄하는 것이기 때문이다. 즉 내연 기관에서 나오는 환경 오염 물질 및 이산화탄소의 배출 장소가 자동차 배기구에서 화력 발전소의 굴뚝으로 바뀐 것뿐이기 때문이다. 화력 발전소에서 나오는 배기가스에는 자동차에서 나오는 환경 오염 물질과 같은 가스가 배출되고, 이산화탄소 또한 같은 양으로 배출될 것이기 때문이다.

따라서 전기 자동차가 진짜 환경친화적 자동차가 되기 위해서는 신재생 에너지원이나 원자력 발전소에서 생산된 전기를 사용해야만 한다. 신재생 에너지나 원자력 발전은 전기를 생산하는 과정

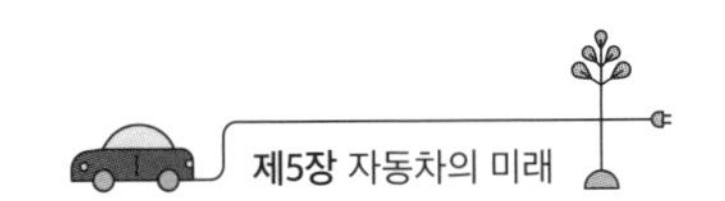

에서 이산화탄소나 환경 오염 가스를 배출하기 않기 때문이다. 현재 전기 자동차 산업은 테슬라를 필두로 세계적으로 급속히 확산되고 있고, 배터리를 비롯한 관련 산업에 대한 투자 또한 폭발적으로 증가하고 있다. 그럼에도 불구하고, 현재 전기 자동차가 차지하는 자동차 시장의 비율은 1~3% 정도이다. 따라서 전기 자동차 증가에 따른 추가적인 전기 공급 문제에 대해서 아직 크게 걱정할 필요는 없다. 하지만 전기 자동차가 전체 자동차 시장의 15% 정도 비율을 차지하게 되면(현재 전 세계 자동차, 트럭, 버스는 대략 14억 대 정도이고 매년 9천만 대가 생산된다), 전기 자동차에 공급해야 하는 전기 공급량에 대해 심각한 고민에 빠지게 될 것이다. 일반적으로 어떤 새로운 상품의 시장 점유율이 15% 이상으로 확대되면 그것이 새로운 주력 상품이 된다는 것을 의미하기 때문이다.

그렇게 되면 우리는 늘어나는 전기 자동차의 성장 속도에 맞추어서 신재생 에너지로 전기 공급이 얼마나 가능할지 새로운 과제에 직면할 수밖에 없다. 왜냐하면 신재생 에너지가 매우 빠른 성장 속도를 보이고는 있지만, 공간적, 시간적 제약이 많기 때문이다. 즉 전기 자동차의 증가 속도가 매년 20%라고 하면, 신재생 에너지(태양광, 풍력 등)의 증가 속도 또한 매년 20%이어야 한다. 전기 자동차와 배터리는 공장에서 단기간에 조립하여 생산할 수 있지만, 신재생 에너지는 단순 조립되는 에너지가 아니다.

앞서도 언급했듯이, 신재생 에너지는 화석 연료에 비하여 에너지 밀도가 매우 낮기 때문에 태양 전지판이나 풍력 발전기 설치에 많은 땅을 필요로 하고, 게다가 적당한 환경 조건(태양광의 경우 적당한 일사량, 풍력의 경우 일정한 풍속)이 필요하기 때문에 이런 지역을 찾아서 설치해야 하는 어려움이 있다. 게다가 해당 지역 주민의 설득과 환경 영향 평가도 필요하기 때문에 일사천리로 신재생 에너지 설비를 설치하기 어렵다. 또한 설치 지역이 대부분 넓게 퍼져 있기 때문에 여기에서 생산된 전기를 소비자가 많은 지역으로 송전하는 시설과 배전 시설에도 비용이 많이 든다.

무엇보다도 신재생 에너지의 가장 큰 단점은 바로 발전의 간헐성이다. 태양 발전과 풍력 발전은 반드시 햇빛이 있거나, 바람이 적당한 속도로 불어줄 때 가능하다. 우리가 연평균 자료를 가지고 태양 전지나 풍력 발전기에서 1년 평균 생산되는 전기의 양을 예측할 수는 있지만, 매일의 날씨 예측은 어렵기 때문에 전기 공급 측면에서 보면 신재생 에너지로 생산되는 전기는 수요에 민첩하게 대비하기 어렵다. 쉽게 말해서 내일 태양 전지와 풍력 발전기에서 얼마만큼 전기가 생산될 것인지 예측이 어렵다는 것이다. 기후는 평균적으로 일정한 값을 가지고 있다 해도(평년 온도, 평년 강수량 등), 날씨는 하루하루 변덕스럽게 변한다. 그래서 항상 예측 가능한 전기를 생산하는 화력 발전소나 원자력 발전소는 운전의 효율성이나

공급 예측에서 훌륭한 발전 설비다.

또한 기술적인 측면에서도 전기 자동차의 단점은 존재한다. 첫째, 전기 자동차 배터리 충전 시간이 문제이다. 내연 기관 자동차의 경우 주유소에서 가득 주유하는 데 대략 5분 미만이 걸린다. 하지만 자동차 배터리 충전은 몇십 분(급속)에서 몇 시간(일반 충전)이 걸린다. 여러분이 휴대 전화를 충전하면서 경험해 보았겠지만, 급속으로 배터리를 충전하면 충전 시간은 짧아지지만 충전 효율이 떨어지고, 배터리 수명이 짧아진다. 세상에 산 좋고 물 좋은 곳은 없다. 하나가 좋으면 다른 하나는 단점으로 나타난다. 따라서 충전 방식에 대한 선택의 어려움이 존재한다.

둘째는 충전 시설의 확장이다. 충전소가 지금의 주유소처럼 전국 곳곳에 잘 설치되어 있어야 하는데, 이것이 그리 쉬운 일이 아니다. 전기 충전소도 주유소와 마찬가지로 경제성을 고려해야 한다. 따라서 수요가 적은 외진 곳이나 농어촌 등에는 설치가 쉽지 않다. 또한 전기 충전소를 위한 전기의 송전 시설, 배전 시설, 사용량의 예측 등은 전체 전기 공급 시스템의 관리라는 측면에서 어려움을 가중시킨다.

한편 배터리 자체는 전 세계적으로 집중적인 연구 개발로 효율이 향상되고 안전하고 높은 전기 저장 능력을 갖는 방향으로 발전되고 있지만, 결국에는 자동차의 수명보다 그 효율이 일찍 떨어지면서 교체가 불가피하게 될 것이다. 또한 수명이 다한 폐기 자동차에 있는 배터리까지 고려하면 엄청난 양의 폐배터리 처리가 심각한 경제적, 사회적, 환경적 문제가 될 것이다. 게다가 배터리는 온도에 취약하다. 겨울에는 배터리의 효율이 많이 떨어진다. 리튬 이온 배터리의 경우, 전해질을 통해 이동하는 리튬 이온이 낮은 온도에서는 상온에서보다 느리게 이동하기 때문에 배터리의 효율이 떨어진다. 또한 내연 기관과 달리 겨울에는 자동차 난방에 전기 배터리의 에너지를 사용해야 하므로 엔진의 열로 자동차를 난방하는 내연 기관 자동차에 비하여 에너지 효율이 떨어진다고 할 수 있다.

앞서 석유에 대한 이야기를 했지만, 내연 기관의 장점 중 하나는 연료의 에너지 밀도가 매우 높다는 것이다. 즉 전기 자동차의 배터리 무게와 비교하면 같은 무게의 휘발유나 경유는 배터리보다 수십 배 높은 에너지 저장 밀도를 가진다. 즉 전기 자동차의 동력인 배터리는 무게는 많이 나가지만 저장되는 에너지는 휘발유에 비하여 턱없이 적다. 쉽게 비교를 하자면, 중형 전기 자동차의 배터리 무게는 대략 500kg이다. 그리고 이 배터리로 약 400km를 주행한다. 하지만 가솔린 자동차는 이런 거리를 가기 위해서는 대략 40리터의 가솔린(대략 30kg)이 필요하다. 이를 연료의 질량비로 계산하면 전기 자동차 배터리 질량의 6% 정도만큼의 가솔린으로 같은 거리를 갈 수 있다. 따라서 전기 자동차에서 큰 비중을 차지하

는 배터리 무게는 비용뿐만 아니라 자동차 효율 측면에서도 내연기관 자동차에 뒤떨어진다고 할 수 있다.

또한 전기 자동차에서 배터리가 차지하는 원가 비중이 약 40%라고 한다. 따라서 배터리의 효율 향상은 자동차 원가 절감과도 직결되기 때문에 배터리의 효율 향상 속도가 전기 자동자 생산 원가의 절감 속도를 좌우한다고 볼 수 있다. 그리고 배터리의 무게 또한 전기 자동차의 25%를 차지한다고 하니, 배터리의 무게 감소 또한 전기 자동차의 효율 향상과 직결된다고 할 수 있다. 개인적인 생각으로는 배터리는 많은 연구 덕분에 빠른 시간 내에 무게가 더 가벼워지고, 멀리 갈 수 있고, 화재나 폭발 위협이 적어지는 방향으로 개발이 이루어질 것으로 예측된다.

하지만 문제는 바로 배터리에 공급할 전기의 양과 전기의 종류이다. 우리는 전기 자동차에 충전할 충분한 전기를 확보할 수 있는가? 그리고 그 대부분을 신재생 에너지로 충당할 수 있는가? 앞서 언급했듯이 전기 자동차에 공급되는 전기가 어떤 발전원에서 오는지는 매우 중요한 문제이다. 만약 전기 자동차에 공급되는 전기가 석탄이나 천연가스 화력 발전에서 얻어지는 것이라면, 내연기관 자동차에서 전기 자동차로의 전환은 지구 온난화를 방지하는 대책으로는 전혀 쓸모가 없기 때문이다. 따라서 우리가 급격하게 전기 자동차 시대로 전환을 한다 하여도(전기 자동차 대량 생산에 필요한 원재료와 부품, 공급체계가 충분한지도 의문이다), 이에 따르는 '그린 전기'(신재생 에너지에서 얻어지는 전기)의 공급이 따라오지 못한다면 전기 자동차의 장점으로 여겨지는 지구 온난화 방지책으로서의 영향은 미미할 수밖에 없다. 개인적인 생각이지만, 전기 자동차에 필요한 전기를 순수한 신재생 에너지로만 공급할 수 있을 것이라는 점에서는 회의적이다. 비록 전기 자동차의 수요는 확대되겠지만 그 전기 자동차에 공급되는 전기의 대부분은 화석 연료에 의존하게 될 것이고, 전기 자동차뿐만 아니라 다른 영역에서 필요한 전기의 대부분 또한 화력 발전소에 의지할 것이라는 것이 나의 생각이다.

그 이유는 현재 신재생 에너지를 활발하게 적용하고 있는 나라들은 대부분 부유하고, 환경에 대한 관심이 높은 나라들이지만, 지구상 대부분의 나라들은 환경 문제 및 기후 문제보다 식량, 보건, 교육이 더 시급한 나라들이기 때문이다. 이런 나라에 기후 변화 문제를 거론하면서 청정에너지 사용과 전기 자동차로의 전환을 강요하기는 어렵다. 사실 현재의 기후 변화 위기는 성장과 발전 과정에서 많은 화석 연료를 사용한 대부분의 선진국들이 만든 것이기 때문이기도 하다. 그리고 기후 변화는 부유한 몇 나라의 노력으로 해결될 일이 아니다. 과거의 수질 오염이나 토지 오염은 국지적인 것이었으나, 기후 문제는 모든 나라에서 방출되는 이산화탄소가 대기권으로 축적되는 범세계적인 상황이기 때문에 모든 국가가 동

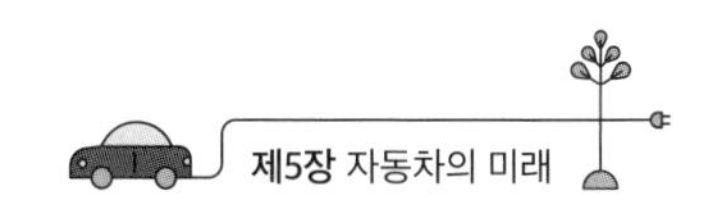

참하지 않으면 대기권의 이산화탄소 농도를 낮추기는 불가능하다. 이산화탄소는 국경을 고려하지 않는다.

하지만 이런 기후 변화의 위협을 줄이기 위해 내연 기관 자동차 대신 전기 자동차를 사용하는 것이 전 세계적으로 확산되기는 어려울 것으로 보인다. 앞서 이야기했듯이 저개발 국가에서 값싼 화석 연료를 얻을 수 있는 기회가 있는데도 불구하고 기후 변화를 이유로 전기 자동차를 사용하기는 어렵다는 뜻이다. 당연히 경제성과 전력 인프라의 부족 때문이다. 그래서 전기 자동차가 모든 나라에 보급되어 기후 변화의 위협을 줄이는 데에는 한계가 있다고 생각된다. 결국 선진국들이 저개발 국가들에게 신재생 에너지 시설의 공급과 기술 이전, 그리고 전력 인프라의 확충에 필요한 자금을 지원해야 어느 정도 지구 온난화를 늦출 수 있다고 생각한다.

수소 연료 전지 자동차

기후 변화를 늦추는 데 도움이 되는 또 다른 청정 자동차인 수소 연료 전지 자동차에 대하여 알아보자. 수소 연료 전지 자동차는 우리나라 현대자동차에서 세계 최초로 상용화되어 시장에 보급되고 있다. 책의 후반부에 수소와 연료 전지에 대한 이야기가 있어서 여기서는 간단히 언급하고자 한다. 수소 연료 전지 자동차는 전기 자동차의 단점을 해결하는 대안으로 개발된 자동차이다. 당연히 내연 기관 자동차의 문제점도 해결한 미래의 자동차라 할 수 있다.

수소 연료 전지 자동차도 전기 자동차와 마찬가지로 전기의 힘, 즉 전기 모터로 구동되는 자동차이다. 전기 자동차가 모터에 필요한 전기를 배터리에 저장된 전기 에너지로 공급하는 반면에, 수소 연료 전지 자동차는 모터에 필요한 전기를 수소 연료 전지에서 공급한다. 그런데 이 수소 연료 전지로 전기를 생산하기 위해서는 수소 공급이 필요하기 때문에 수소 연료 전지 자동차 트렁크에는 수소 탱크가 설치되어야 한다. 따라서 수소 연료 전지 자동차는 연료 전지 시스템과 수소 공급 시스템이 필요하다. 그래서 전기 자동차보다는 조금 복잡한 구조임에는 틀림이 없다. 하지만 수소 연료 전지 자동차는 전기 자동차보다 주행 거리가 길고, 전기 자동차의 가장 큰 단점인 충전 시간이 상대적으로 짧다. 수소 연료 전지 자동차의 연료인 수소를 충전하는 데는 5분 미만의 시간이 소요되고, 전기 자동차의 단점인 무거운 배터리 문제가 없기 때문에 차체의 무게도 상대적으로 가볍다. 그래서 장거리 운송에 필요한 버스, 트럭, 선박에 적용될 가능성이 높다.

그렇지만 아직 연료 전지를 구성하는 부품들의 가격이 비싸다는 것이 첫 번째 문제이다. 연료 전지에 필요한 전극 소재로는 백금이 필요한데, 그 가격이 너무 비싸기 때문이다. 그래서 현재 가격이 보다 저렴한 금속으로 전극 소재를 대체하는 연구가 진행되고 있다.

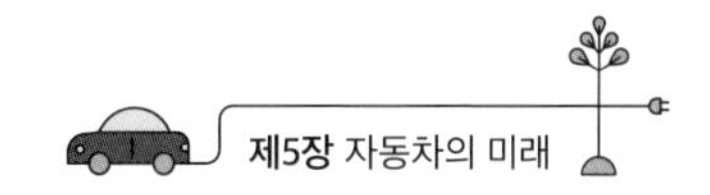

두 번째 문제는 수소 생산이다. 현재 대량으로 값싸게 수소를 얻을 수 있는 방법은 천연가스의 수증기 개질인데, 이 경우에 부산물로 이산화탄소가 또다시 발생되기 때문에 이런 방법으로 만든 수소를 수소 연료 전지 자동차에 공급하면 '이산화탄소 증가'라는 문제가 발생하게 된다. 그래서 가장 좋은 방법으로는 태양 전지나 풍력 발전에서 얻어지는 잉여 전기를 사용하는 것이다. 즉 그린 전기에서 얻은 전기를 이용해 물을 전기 분해하면 수소와 산소가 발생하는데, 이 수소를 수소 연료 전지 자동차의 원료로 사용하자는 것이다. 전기 자동차의 배터리에 공급되는 전기를 그린 전기에서 얻는 것과 같은 이치이다. 다만 그린 전기를 직접 수소 연료 전지 자동차에 사용하는 것이 아니라, 물을 전기 분해하여 수소를 얻는 과정에서 그린 전기를 사용하는 것이다.

그런데 이 경우에는 전기를 이용하는 대규모 물 분해 시설이 필요하다는 단점이 있다. 수소 연료 전지 자동차는 전기 자동차에 비하여 시장 보급이 아직 걸음마 단계이고, 대중의 관심 또한 미미하다. 하지만 전기 자동차의 보급이 확대되고 그에 따른 여러 문제점이 발생하면, 그 대안으로 수소 연료 전지 자동차에 대한 관심과 보급, 그리고 연구 개발이 활발하게 이루어질 것으로 예상된다. 더구나 우리나라의 현대자동차가 세계 최초로 연료 전지 자동차의 상용화 및 대량 생산 체계를 갖추고 있기 때문에 관심을 가지고 지켜볼 만하다.

마지막으로 현재 우리는 내연 기관 자동차에 사용하는 원료인 가솔린, 디젤에 엄청나게 높은 유류세를 정부에 내고 있다. 사실 우리가 주유소에서 지불하는 가솔린, 디젤 가격의 약 40%는 정부가 세금으로 걷어들인다. 그렇지만 자동차를 내연 기관 자동차에서 전기 자동차로 바꾸게 되면 정부가 걷어들이는 엄청난 금액의 유류세는 사라지게 된다. 그렇게 되면 똑같이 자동차를 운전하는 데 전기 자동차는 유류세를 내지 않기 때문에, 내연 기관 자동차를 운전하는 사람들은 상대적으로 차별을 겪게 된다.

정부 또한 유류세 감소로 인한 부족한 세수를 확보하기 위해서 전기 자동차에도 어떤 방식이든 세금을 부과하려고 할 것이다. 그것은 또 다른 전기 요금 인상을 가져올 가능성이 크다. 또한 정부에서 전기 자동차에 지급하는 보조금을 삭감하거나 없앨 수 있고, 이렇게 되면 전기 자동차 구입에 따르는 인센티브가 줄어들기 때문에 전기 자동차 보급 확대에 부정적인 영향을 미칠 수도 있다. 그럴 경우 소비자는 어떤 선택을 하게 될지 무척 궁금하다. 과연 지구 온난화를 걱정해서 전기 자동차를 구입할지, 아니면 경제적 사정을 고려하여 내연 기관 자동차를 구입할지는 아직 미지수다. 당신은 어떤 선택을 할 것인가 한번 자문해보기 바란다.

테슬라의 전략

전기 자동차가 최근 몇 년 사이에 예상을 뒤엎는 폭발적 성장을 가져온 배경에는 테슬라의 판매 전략이 큰 기여를 했다고 생각한다. 사실 대부분의 자동차 전문가들은 내연 기관에서 전기 자동차로 전환되는 과정에는 하이브리드 자동차가 다리 역할을 오랫동안 할 것으로 예상했다. 하이브리드 자동차 제조업체 중 가장 대표적인 일본의 도요타는 가장 성공적인 하이브리드 자동차인 '프리우스'를 선두로 하이브리드 자동차에 올인했다. 하지만 시장은 하이브리드 자동차 시장이 성숙되기도 전에 바로 전기 자동차 시장으로 넘어가고 있는 중이다. 여기에는 시장의 예상을 뛰어넘는 테슬라의 혁신적인 전략이 있었기 때문이다.

테슬라의 전기 자동차는 앞서 '전기의 힘'에서 언급한 교류 전기와 교류 발전기를 발명한 위대한 전기공학자 테슬라의 이름에서 따온 것이다. 2003년 설립된 테슬라의 창립자는 마틴 에버하드와 마크 타페닝이었다. 2004년 일론 머스크가 이 회사에 대규모 투자를 하면서 대주주가 되자, 회사는 자연스럽게 일론 머스크에게 넘어갔다. 테슬라의 첫 번째 성공 전략은 2008년 고급형 전기 자동차 '로드스터' 출시였다. 흔히들 새로운 제품이 시장에 나오면 낮은 가격으로 기존 제품과의 가격 경쟁력을 확보하면서 시장을 잠식

하는 것으로 예측한다. 그러나 테슬라는 고가의 전기 자동차 스포츠 세단을 출시하면서 대중의 이목을 끌었다. 그 당시 출고 가격이 112,000달러였으니, 당시 너무 고가의 자동차라 연예인이나 유명 운동 선수들만 구입할 수 있었다. 높은 가격으로 일반 대중은 새로운 전기 자동차 구매는 꿈도 꾸지 못했지만, 이때부터 테슬라는 대중의 선망을 받는 자동차가 되었다. 테슬라는 최초의 전기 스포츠카라는 이미지와 환경친화적 자동차라는 새로운 개념의 자동차를 선보이면서 사람들의 마음을 사로잡았다.

이어서 2012년 모델 S 전기 자동차를 출시한다. 이 자동차 역시 일반인의 구매력을 뛰어넘는 대형 세단 전기 자동차였다. 그리고 2015년 모델 X, 2017 모델 3, 2020년 모델 Y를 연이어 출시하였다. 테슬라 자동차의 라인업은 이렇게 값비싼 고급 자동차에서 시작하여 보급형 자동차로 확대되었다. 그러자 일반인들도 기존의 내연 기관 자동차와 견줄 만한 비용으로 테슬라의 보급형 전기 자동차를 구매하기 시작하면서 그 수요가 급속하게 증가하게 되었다. 즉 비싸고, 성능 좋고, 환경친화적인 자동차라는 인식을 갖고 있던 자동차의 가격이 자신의 구매력 범위 안에 들어오자 구매가 폭발적으로 늘어난 것이다.

이것은 일본의 전기 자동차가 시장에 진입하는 모습과는 전혀 다른 것이었다. 일본의 닛산 자동차는 2010년 '리프'라는 전기 자동

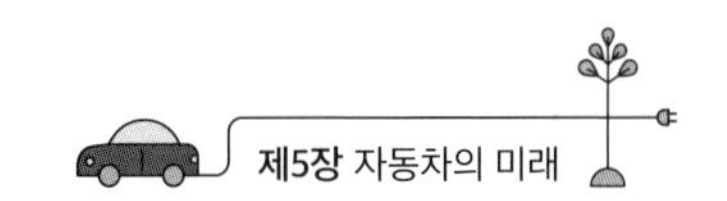

차를 상용 생산하였다. 이 자동차는 소형 자동차로 주행 거리가 짧았고, 배터리의 발열 현상 문제로 새로운 개념의 전기차임에도 불구하고 관심을 크게 받지 못했다. 테슬라 전기 자동차와 비교하여 주행 거리, 통합 운행 기술의 부족으로 소비자의 외면을 불러왔다. 비록 보급형이고 테슬라에 비해 낮은 가격임에도 불구하고 테슬라만큼 시장에서 큰 관심을 끌지는 못했다.

두 번째 전략은 '오토파일럿'이라는 통합 소프트웨어의 설치이다. 테슬라는 전기 자동차의 핵심이 배터리임에도 불구하고, 새로운 배터리 연구 대신에 기존에 잘 알려진 구형의 파나소닉 원통형 배터리를 수천 개씩 직렬/병렬로 배열하면서 기존의 배터리를 그대로 사용하였다. 그 대신 연구 역량을 수천 개의 소형 배터리를 통합적으로 통제하고 조절하는 제어 시스템에 주력하였다. 배터리 오작동 방지, 효율적인 충전과 방전, 효과적인 배터리 배열에 연구를 집중하고 자신들이 잘 알지 못하는 배터리 제조 부분은 과감하게 아웃소싱하는 전략을 사용하였다. 그리고 판매하는 모든 전기 자동차의 주행 기록과 운행 상태를 수집하여, 지속적으로 개선된 소프트웨어 운영 체계를 발전시켰다. 이것은 전기 자동차를 달리는 PC 개념으로 보고, 주기적으로 운영 체계를 업데이트한다는 개념이었다. 이러다 보니 테슬라 전기 자동차를 구입한 사람들에게는 더욱 발전된 버전으로 자주 업그레이드한다는 느낌을 주게 된 것이다. 이 점이 테슬라에 열광하는 충성적인 소비자층을 형성한 요인이라고 할 수 있다.

세 번째는 대리점을 없애고 부가 비용을 낮춤으로써 소비자와 직접 소통하고 높은 판매 마진을 확보한 것이다. 일반적으로 대리점은 자동차의 판매와 관련된 영업이 이루지기도 하지만 고장 차량의 수리 또한 담당했기 때문에 대리점의 마진율이 높았다. 테슬라는 이런 문제점을 파악하고, 모든 대리점을 없애고, 온라인 판매를 통하여 대리점 관리 비용, 대리점 이익을 모두 자사 이익으로 전환하였다. 이런 몇 가지 독특한 자동차 판매 전략은 크게 히트를 하였고, 전기 자동차 시장 확대에 큰 기여를 하였다.

여기서 잠깐 여담을 하나 소개하면, 테슬라의 모델 라인업을 보면 모두 영문자 X, Y, S를 사용한다. 모델 S를 필두로 모델 X, 모델 Y가 있다. 그런데 이상하게도 모델 3이 있다. 원래 테슬라는 모델 S, E, X, Y를 연차적으로 출시하려고 했다. 눈치 빠른 분은 아시겠지만, 이것은 'S-E-X-Y'를 의미한다. 그런데 모델 E가 포드 자동차의 모델명과 겹치게 되자, 할 수 없이 영문자 E를 뒤집어서 이와 유사한 숫자 3을 모델명으로 채택한 것이다. 테슬라의 작명 또한 기상천외하고 창의적이다.

전기 자동차의 그림자

이제 전기 자동차의 어두운 면을 살펴보기로 하자. 사람들은 전기 자동차가 보급되면 내연 기관 자동차 사용에 따른 환경 오염 문제가 해결되고 깨끗한 물과 공기를 사용할 것으로 기대하였다. 물론 전기 자동차는 배출 가스도 없고, 오염 물질도 배출하지 않지만, 전기 자동차의 핵심 부분인 배터리 만드는 과정을 생각하면 그다지 환경에 좋은 자동차라는 생각이 들지 않게 된다.

현재 전기 자동차에 가장 많이 사용되는 리튬 이온 배터리는 전해질인 리튬, 그리고 양극 전극 물질로는 니켈과 코발트를 사용한다. 리튬과 코발트는 광물에서 고순도 금속으로 정제하는 데 엄청난 환경 오염을 가져오는 대표적인 물질이다. 그런 중금속은 황산화물과 유독 물질을 배출하고, 제련 과정에서 배출되는 이산화탄소의 양 또한 무시하지 못할 양이다. 특히 코발트는 대부분 아프리카 콩고에서 생산되는데, 코발트 광석을 캐내고 운반하고 정제하는 과정에서 많은 환경 문제가 발생하고 있다. 그래서 미국이나 유럽에서는 자국의 엄격한 환경 기준을 만족하면서 리튬이나 코발트를 정제하면 비용이 너무 많이 들기 때문에, 이런 금속 정제는 주로 중국, 아프리카, 남미의 여러 나라에 맡긴다. 이런 나라들이 낮은 비용으로 정제를 할 수 있는 이유는 바로 환경 규제가 엄격하지 않기 때문이다. 게다가 어린아이들까지 아무런 보호 장비 없이 노동에 혹사당하기 때문에 환경 문제(주로 수질 오염)와 아동 학대 및 가혹한 노동 조건이 문제가 되고 있다.

전주기적 평가

전주기적 평가(Life Cycle Assessment)라는 환경 영향 평가 기법이 있다. 어떤 상품이나 제품이 원료를 얻는 과정에서부터, 운송, 제조와 사용, 폐기되는 과정까지의 에너지 투입, 원료 투입, 환경에 미치는 영향을 평가하는 기법이다. 이런 기법을 사용하면 화장실에서 손을 씻을 때 사용하는 휴지와 수건, 또는 면 기저귀와 합성 기저귀를 비교할 수 있고, 내연 기관 자동차와 전기 자동차의 전체 과정(제품 탄생부터 소멸까지)을 꼼꼼히 평가함으로써 우리가 직관적으로 느끼는 친환경 제품과 실제 친환경 제품을 비교 평가할 수 있게 된다.

전기 자동차는 그 수명이 다하더라도 배터리는 재활용되는 것이 환경에도 좋고, 자원 절약에도 좋고, 경제적으로도 유리한 선택이다(원료 광석을 채굴하고, 정제하는 과정을 생각해 보라). 하지만 현재 내연 기관 자동차에서 재활용되는 납축전지와 비교했을 때, 리튬 배터리의 재활용 과정은 기술적으로도 어렵고, 경제적인 재활용 기술도 개발되지 못한 상황이다. 특히 리튬은 매우 불안전한 물질이

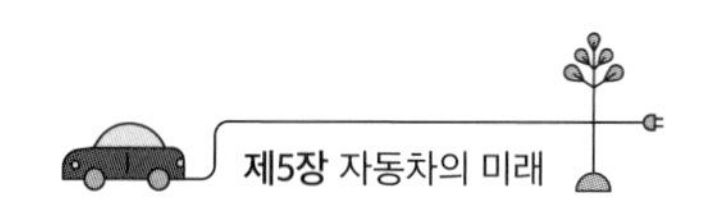

라서 재활용 과정에서 큰 주의가 필요하고, 결국 폐배터리의 재활용을 어렵게 한다. 이렇듯 우리는 눈에 보이는 것만 생각할 것이 아니라 눈에 보이지 않는 부분까지 고려하여 현명하게 에너지 관련 제품이나 기기를 사용해야 한다. 즉 우리의 직관은 생존에 큰 도움이 되기는 하지만, 그 직관이 항상 옳은 것은 아니다.

전기 자동차와 신재생 에너지

전기 자동차의 폭발적인 증가세는 인류가 지구 온난화에 따른 기후 변화에 매우 염려하고 있으며, 그에 대한 대비책으로 내연 기관 자동차에서 전기 자동차로의 전환을 서둘러야 한다는 것을 잘 보여준다. 앞서 보았듯이 전기 자동차는 화력 발전소에서 생산되는 전기가 아니라 신재생 에너지원에서 얻어지는 전기를 사용해야만 지구 온난화 방지에 효과가 있다. 문제는 전기 자동차의 생산 증가에 맞추어 전기 자동차에 필요한 전기를 신재생 에너지에서 충분히 공급하기에는 어려움이 많이 존재한다는 것이다.

현재 전기 자동차에 공급할 전기의 증가를 제외하고도, 일상적인 인류의 삶에 필요한 전기의 수요는 매년 약 5% 정도 증가하고 있다. 이는 저개발 국가의 경제 발전에 따른 수요 증가와 인구 증가에 따른 수요 증가 때문이다. 게다가 신재생 에너지에서 얻어지는 전기는 화력 발전에서 얻어지는 전기보다 비싸다. 따라서 저개발 국가에서 화력 발전이 아닌 신재생 에너지에서 전기를 생산할 것으로 기대하기는 어렵다. 결국 대부분의 OECD 국가에서만 신재생 에너지에서 전기를 생산하게 될 것이고, 거기서 얻어지는 전기를 전기 자동차에 공급하게 될 것이다.

신재생 에너지에서 전기를 얻는 주요 방식은 태양광과 풍력인데, 이 두 가지 기술의 문제점은 바로 기후 조건에 따라 효율이 크게 달라진다는 것이다. 따라서 효율만을 생각한다면, 설치할 수 있는 지리적 공간은 그리 충분하지 않다. 결국 전기 자동차의 생산이 급격히 늘면 당연히 전기 부족 상황이 따라오게 된다. 이런 상황에서 우리는 전기를 어디에서 얻어야 하는지에 대한 근본적인 문제에 부딪치게 된다. 부족한 전기를 얻기 위해 다시 석탄 화력 발전으로 돌아갈 수 없다면(현재의 정책 대로라면 수년에서 수십 년 후에는 모든 석탄 화력 발전소는 폐쇄가 될 것이다) 결국 남는 것은 원자력뿐이다. 이것이 우리가 원자력을 포기하기 힘든 이유 중의 하나이다. 그러나 원자력을 포기하고 모든 전기를 신재생 에너지에서 얻으려면 효율이 매우 낮은 입지 조건에 태양광과 풍력을 설치해야 하는데, 그러면 당연히 전기료는 지금보다 몇 배 증가하게 될 것이다. 그럼에도 불구하고 그런 비싼 전기료를 사람들이 수용할 것인가는 단

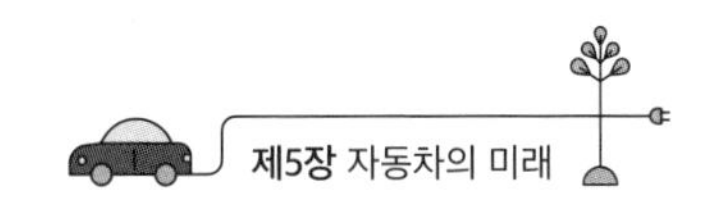

지 환경에 대한 이유뿐만 아니라, 가난한 시민들의 삶의 질 또한 고려해야 하기 때문이다. 깨끗한 환경, 기후 조건을 누가 마다하겠는가? 하지만 지금보다 비싼 전기료와 그에 따른 물가 상승을 감내할 수 있는 사람들 또한 얼마나 되겠는가 하는 점이다.

지구를 안전하고 쾌적한 행성으로 유지하기 위해서 우리는 지금 고통을 요구받고 있다. 에너지 문제는 한두 가지 요인으로 해결될 사항이 아니다. 모든 문제의 뿌리는 우리가 화석 연료에 너무 중독된 데 있다. 지구 온난화의 주범인 온실가스 감소를 위한 전기자동차로의 전환은 외관상으로는 환경 문제를 해결하는 매우 적절한 해결책으로 보이지만, 앞서 보았듯이 하나씩 실상을 분석해 보면 배터리 소재의 정제 공정, 폐배터리 재활용 문제, 환경친화적 전기 공급, 지속적인 전기 수요 증가 등 많은 문제점을 가지고 있다. 이미 말했듯이 근본적인 문제는 지나친 전기 사용과 과도한 에너지 소비에 있다. 에너지는 우리 삶을 윤택하고 편리하게 하지만, 소비 생활 수준 향상에 따르는 과도한 사용은 이제 우리에게 새로운 문제를 안겨주고 있다. 이렇듯 에너지 사용에 있어서의 빛과 그림자는 항상 공존한다. 빛이 클수록 그림자도 커지는 법이다.

지금껏 인류는 직면한 여러 어려운 문제를 잘 극복해왔다. 과거의 식량 문제, 페스트, 스페인 독감 같은 전염병, 종교전쟁, 인구문제, 최근의 코로나 팬데믹도 극복해냈다. 하지만 우리가 직면하고 있는 지구 온난화 문제는 과거의 어떤 도전과도 결이 다르다. 이것은 한 번도 경험하지 못한 새로운 방식의 포괄적이고 전 지구적인 도전이다.

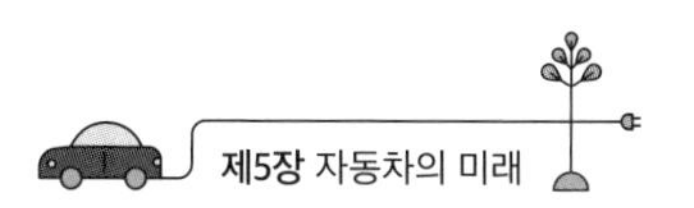

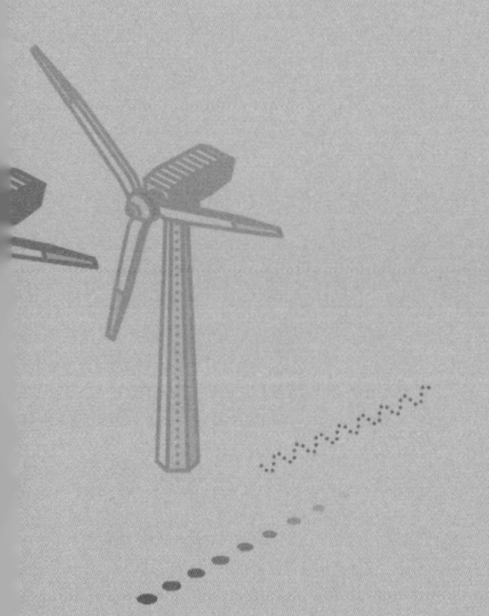

제6장

셰일 혁명

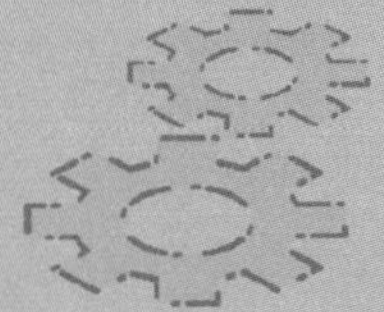

셰일, 미국의 구세주

2000년 6월 미국 텍사스주 달라스 인근 디시라는 마을에서 그리스 이민자의 아들 출신으로 텍사스 A&M 대학을 졸업한 석유기사 조지 미첼이 수압 파쇄법을 이용하여 무려 16년간의 실패를 딛고 처음으로 셰일 가스 생산에 성공하였다. 당시 《월스트리트》는 이 시추의 성공을 "리야드와 테헤란, 모스크바까지 뒤흔들 만큼 대대적인 폭발"이라고 기록했다. 그것은 전 세계 석유 공급을 좌지우지하는 사우디아라비아, 이란, 러시아에 큰 충격을 줄 만한 사건이었다는 것이다. 이만큼 셰일 가스의 시추 성공은 전 세계 석유 공급의 지형을 바꾸는 엄청난 사건이었다. 그렇다면 왜 미국은 유독 셰일 가스 개발에 공을 들였을까?

미국은 가장 대표적인 에너지 생산국이자 소비국이다. 그런데 미국이 필요로 하는 화석 연료 중에서 석탄과 천연가스는 비교

적 충분하지만, 자동차 연료로 사용되는 휘발유는 항상 부족했다. 유럽이나 아시아에서는 버스와 지하철 같은 대중교통 수단을 주로 이용하지만, 미국은 특히 땅이 넓고, 주택지가 교외에 위치하고 있어 기본적인 운송 수단으로 자동차를 이용하기 때문이다. 그래서 미국인들에게 자동차는 사치품이 아니라 생활필수품이다. 개인적으로도 1980년대 미국 유학 생활을 통해 미국인의 높은 자동차 의존도를 확실하게 경험했다. 당연하게도 미국 정부의 가장 중요한 임무 중 하나는 석유를 안정되고 값싸게 공급하는 것이다. 이런 이유로 미국은 부족한 석유의 안정적인 확보를 위해 사우디아라비아, 이란, 이라크, 베네수엘라, 캐나다와 정치적, 군사적, 경제적으로 거래를 할 수밖에 없었다.

2000년 초반 이라크 전쟁과 베네수엘라 내정 간섭이 모두 원유 확보를 위한 미국의 정치적 행위였음은 잘 알려졌다. 사실 미국을 여행하다 보면 광활하게 넓은 땅이 부럽기도 했는데, 이렇게 땅이 너무 넓으면 생활 공간 또한 확대되기 때문에 자연히 이동 거리가 멀어지게 되고, 자동차 연료 소비는 증가할 수밖에 없다. 게다가 인구 밀도가 낮다 보니 대중교통은 대도시를 제외하고는 경제적인 운영이 불가능하다. 그래서 불가피하게 도시 외곽 주민들은 무조건 자동차로 이동해야 했고, 생활 반경이나 주요 활동지가 다른 성인들은 각자의 자동차를 가질 수밖에 없는 실정이다. 당연히 자동차에 들어가는 연료 수요는 높아질 수밖에 없다. 한편 자동차는 시민들의 생활필수품이기 때문에 자동차 연료인 가솔린은 시민 생활에 매우 중요한 소비재가 되었다. 그래서 가솔린이 부족하거나 가격이 급등하면 엄청난 사회적, 정치적 압박이 따른다. 따라서 충분한 석유 확보와 낮은 가격 유지는 미국의 에너지 정책에서 최우선 과제다. 이런 이유로 미국은 여러 산유국과 아슬아슬한 군사적, 정치적 협력 관계를 지속적으로 유지해오고 있었다.

미국은 과거 1900년대 초에 텍사스를 중심으로 풍부한 석유 생산으로 최대의 석유 수출국이었다. 그런데 자국의 석유 유전이 점점 고갈되면서 석유 수출국에서 석유 수입국으로 입장이 바뀌었다. 그래서 산유국에 대한 지원과 협력을 통해서 어렵게 석유를 확보하고 있던 시기에, 자국에서 석유를 대신할 수 있는 유사한 석유 자원이 발견되고 채굴 가능한 기술이 발명되었으니 얼마나 기쁘겠는가? 이제 부족한 석유를 수입하지 않고 자국에서 생산할 수 있으니 얼마나 바람직한가? 미국으로서는 골치 아픈 국제 정세에 간섭하거나 영향력을 미치지 않아도 되니 셰일 가스의 발견은 미국에게는 큰 축복이 아닐 수 없었다.

사실 미국이 세계의 경찰 노릇을 한다고 했지만, 주요 관심사는 바로 중동에서 미국으로의 안전한 원유 수송이었다. 이제 셰일 가스와 셰일 오일의 개발로 과거의 힘들고 골치 아팠던 세계 경찰

의 역할을 줄이고 자국 경제 발전에 필요한 동력을 확실하고 안정적으로 확보할 수 있게 된 것이다.

반면, 유럽에서는 기차가 화물의 물류 이동에 주로 사용된다. 하지만 미국은 기차보다는 대형 트럭을 화물 물류에 많이 사용한다. 특히 미국 서부에서 생산되는 농산물을 미국 동부로 운송할 때는 대형 트럭이 필수적이다. 당연히 트럭에 사용되는 저렴한 디젤유의 확보가 미국 전역으로 값싼 식량의 보급을 가능하게 하기 때문에 식량 자급 측면에서도 중요한 요인이 된다. 미국의 남북을 이어주는 미시시피강이나 오대호 연안을 따라서 배를 통한 물류의 이동도 있지만, 대부분은 동부와 서부를 오가는 대형 트럭에 의해 유통된다. 또한 미국인들은 승용차를 이용한 대륙의 여행이나 출장이 많기 때문에 장거리 여행에 필요한 가솔린 연료 소비도 크다. 따라서 운송용 연료 확보는 미국에게는 매우 중요한 과제이다. 이런 요인으로 미국이 엄청난 군사적, 경제적 비용을 감당하면서까지 중동에서의 석유 확보를 위해 노력해 왔던 것이다. 그런데 그런 석유를 이제 자국 땅에서 자국 기술로 마음껏 생산할 수 있으니 셰일 가스 및 셰일 오일의 개발은 미국에게는 구세주나 다름없다.

이 셰일 가스의 발견은 기존 산유국들에게는 새로운 원유 생산 경쟁자와 가격 결정권을 두고 싸워야 하는 강력한 적이 나타난 격이다. 아직은 셰일 가스 채굴을 위한 기반 시설과 공급 파이프라인이 충분히 갖추어져 있지 않기 때문에 전 세계 산유국의 생산량에 미치는 영향력이 크지는 않지만, 현재 추정되는 예상 매장량을 고려하면 미국은 향후 원유 가격 결정에 큰 역할을 할 것이 분명하다.

채굴 기술과 경제성 확보

셰일 가스와 셰일 오일은 똑똑한 공학자나 과학자에 의하여 갑자기 발견된 것이 아니라, 이미 오래전에 탐사를 통하여 알려져 있던 화석 연료이다. 다만 셰일층이 단단하고, 기존의 유전보다 넓게 분산되어 있어 채굴에서의 경제성이 없다는 점이 대량 채굴에 걸림돌이었다. 게다가 셰일층은 대부분 지하 10km 정도에 좁은 가로형 띠로 수 킬로미터 형성되어 있다. 이런 형태의 화석 연료를 기존의 석탄, 석유, 천연가스(전통적 화석 연료)와 구분하기 위하여 비전통 화석 연료라 부른다.

셰일 가스와 셰일 오일을 채굴하는 방식을 간략히 살펴보자. 채굴을 위해서는 먼저 셰일층이 있는 지역의 지표면을 수직으로 수백 미터에서 수천 미터까지 파고 들어가서, 셰일층 영역에 도달하면 다시 수평으로 수백 미터나 수천 미터를 파고 들어가야 하는 기술적 어려움이 있었다. 왜냐하면 전통적 화석 연료인 석유나 천

연가스처럼 한곳에 모여 있는 것이 아니라, 넓고 길게 분포되어 있기 때문이다. 이런 문제점을 해결한 것이 뛰어난 기술을 가진 미국의 공학자들이었다. 단단한 셰일층을 파쇄하기 위하여 고압의 물을 대량으로 사용하는 수압 파쇄법을 개발하였고, 지표면에서 수직으로 들어간 파이프가 다시 수평으로 진행하도록 하는 수평 시추 기술을 확보하면서 상업적 규모의 채굴이 가능하게 되었다.

셰일 가스 및 셰일 오일은 기존의 석유와는 경쟁적인 관계이며, 특히 원유 가격에 따라서 경제성이 좌우된다고 할 수 있다. 셰일 가스와 오일은 근본적으로 기존의 전통적 유전에서 채굴하는 석유와 가스에 비하여 그 채굴 과정이 어렵기 때문에 당연히 생산 원가가 높다. 하지만 기존의 원유 생산국이 여러 이유로 유가를 올리면 당연히 가격 경쟁력이 생기면서 채굴이 활발해진다. 따라서 기존에 형성된 유가가 오르면 채굴이 증가하고, 유가가 하락하면 채굴이 감소하는 태생적 약점을 가지고 있다.

하지만 최근에는 채굴 기술의 발전과 원가 절감 노력으로 채굴 비용이 기존의 전통적 채굴 비용과 그 차이가 좁혀지고 있다. 이런 원가 절감은 사실 기존의 전통적 원유 생산국의 가격 조정 전략 덕분이다. 즉 셰일 가스 업체의 경쟁력을 약화시키기 위해 사우디아라비아를 포함하는 주요 산유국에서 유가를 떨어뜨리면(자국의 원유 판매 수입도 줄어들어서 경제적 어려움이 증가한다) 셰일 가스 산업은 경제성 문제로 채굴을 줄이게 된다. 시간이 지나면서 경쟁력이 없는 채굴 업체는 하나둘 도산하고, 그 와중에 낮은 유가를 극복해 낸 셰일 체굴 업체는 도산한 기업의 장비와 인력을 저가에 구입하면서 가격 경쟁력을 갖게 된다. 그렇게 점차 경쟁력을 회복하면서 낮은 유가를 견딜 수 있게 된 것이다.

이런 일련의 과정을 거치면서 저유가에 살아남은 셰일 업체는 더욱 강력하고 경쟁력 있는 셰일 채굴 업체로 성장하게 된다. 2014년 6월 사우디아라비아가 미국의 셰일 오일을 견제하기 위해 유가를 배럴당 70달러로 낮추었지만, 예상과는 달리 미국의 셰일가스 업체는 살아남았다. 게다가 다양한 기술을 개발하면서 가격 경쟁력까지 갖추게 되었다. 시추에 필요한 원료를 줄이고, 재사용하고, 재활용하는 전략이 비결이었다. 즉 유가 폭락에 따른 가격 경쟁력의 부족으로 파산 위기에 몰렸지만 기술 개발로 이겨낸 것이다. 그 덕분에 이제는 대부분의 전통적 산유국의 석유 생산 원가와 크게 차이가 없는 상황까지 도달하게 되었다. 물론 사우디아라비아의 낮은 생산 원가만큼은 아니지만 말이다.

셰일 채굴과 환경 오염

셰일 오일과 셰일 가스의 대량 생산 성공은 초기 미국에게는 엄청난 축복으로 여겨졌다. 미국뿐만 아니라 중국이나 러시아, 동유럽 등지에도 셰일 가스와 셰일 오일이 풍부하게 매장되어 있지만 기술과 자본 부족으로 대량 생산이 어려운 실정이었기 때문이다. 특히 중국의 경우 셰일 가스층은 주로 중국 내륙에 매장되어 있는데, 앞서 언급한 셰일 채굴에 필요한 물이 주변에 없다는 것이 치명적인 약점이 되었다. 셰일 유전을 개발하려면 기존의 전통적 유전과는 비교할 수 없을 만큼 많은 양의 물이 필요한데 중국 내륙은 특히 물이 부족하기로 유명한 곳이다. 게다가 채굴에 필요한 기술 또한 미국과는 비교가 되지 않는다. 그러니 유전에 필요한 기술과 자본을 모두 가지고 있는 미국으로서는 셰일 가스와 셰일 오일 생산에서 오랜 기간 독점적 위치를 가질 수 있는 기회이며, 중동과 남미에서 석유 확보를 위한 그동안의 정치적, 군사적 전략은 더 이상 필요하지 않게 된 것이다.

하지만 시간이 지나면서 셰일 채굴에서 수압 파쇄법의 문제점이 나타나게 되었다. 첫 번째는 고압의 액체(주로 물과 계면 활성제 등 20종의 화학 물질)로 셰일층을 파괴해야 하기 때문에 엄청난 양의 물이 소모된다는 점이다. 따라서 주변에 물 부족 사태를 가져와 주변의 농업이나 목축업에 지장을 주고 생활용수가 부족해질 수 있다.

두 번째는 고압의 파쇄법에 사용되는 물에 포함된 각종 화학 물질이 근처의 지하수에 영향을 미치면서 환경 문제가 발생할 수 있다. 물론 지반을 뚫고, 수압 파쇄를 할 때 주변의 지하수를 세심하게 고려하여 굴착을 하겠지만 완벽하다고 할 수는 없다. 또한 이런 수질 오염은 어느 정도 시간이 지나야만 그 영향이 나타나기 때문에 그 결과를 확인하기 위해서는 시간이 필요하다.

세 번째로는 지하 10km의 셰일층을 파괴하기 위한 고압의 물 분사(수압 파쇄법)는 특정한 지역에서 작은 지진을 일으키는 파장을 가져 오기 때문에 지형에 따라서는 심각한 지형 붕괴나 지하 생태계 파손을 가져올 수 있다.

네 번째는 생산성과 투자 효율의 문제이다. 셰일 오일은 기존의 유전보다 생산량이 급속히 감소한다는 데 문제가 있다. 즉 셰일 오일이나 셰일 가스는 처음 시추에서 채굴까지 걸리는 시간이 기존의 전통적 유전보다는 짧기 때문에 투자금을 빨리 회수할 수 있다는 장점이 있기는 하나, 채굴이 시작되고 나서 셰일 가스가 고갈되는 시간 또한 짧기 때문에 수익성을 위해서는 지속적으로 새로운 장소에서 시추를 해야 한다는 단점이 있다. 즉 기존의 전통적 유전에서와 같은 장기적인 석유 생산을 기대하기는 어렵다. 이러한 점은 투자자의 입장에서는 경우에 따라 장점이 되기도 하고 단점이 되기도 한다.

다섯 번째는 생산지와 소비처 간의 거리가 멀다는 것이다. 셰일 가스의 생산지(주로 미국의 텍사스, 노스다코타, 오클라호마 등)에서 채굴된 셰일 가스를 수송하기 위해서는 파이프라인이 필수적이다. 셰일 가스는 기체이기 때문에 트럭이나 기차로 수송이 가능한 액체 연료와는 다르다. 하지만 셰일 가스의 수송을 위한 파이프라인을 건설하는 것은 또 다른 문제를 가져온다. 파이프라인이 통과하는 지역의 생태계와 자연 보호 구역을 훼손할 우려가 있기 때문에 주민들의 동의를 받기 어렵다. 우리나라에서 송전탑을 건설할 때 발생하는 해당 지역 주민들의 반발과 비슷한 유형의 사회적 문제이다.

여섯 번째는 생산된 셰일 가스와 셰일 오일을 외국으로 수출하려고 해도 수출에 필요한 기반 시설이 부족하다는 점이다. 2010년만 해도 미국은 LNG 수입국이었다. 그래서 미국 텍사스와 루이지애나 지역의 천연가스 터미널이 천연가스 수입을 위한 기화 시설로 구축되어 있었다. 하지만 이제 천연가스를 수입하는 수입국에서 수출을 하는 수출국으로 처지가 바뀌게 되자 수출에 필요한 액화 설비 부족이 발생하게 된 것이다. 셰일 가스(주성분은 천연가스와 유사하다)를 수출하기 위해서는 냉동기와 압축기 같은 대규모 액화 설비가 필요한데, 이것을 건설하는 데 비용도 많이 들고 건설

기간도 길다.

그럼에도 불구하고 2021년 미국은 카타르와 호주를 제치고 세계 LNG 수출 1위가 되었다. 우리나라 또한 수입 다원화 전략에 따라 가스공사에서 2017년 계약을 체결하여 미국산 셰일 가스에서 나오는 LPG(프로판, 부탄)를 수입하고 있고, SK에너지는 아예 미국 오클라호마의 셰일 광산을 인수하여 직접 생산한 셰일 가스를 국내로 보내고 있다. 이제 미국과 산유국 간의 본격적인 석유와 가스의 주도권 싸움이 시작된 것이다. 천연가스를 모두 수입하는 우리나라로서는 수입 다변화와 안정적 공급처의 확보라는 측면에서 이것이 호재로 작용할 가능성이 크다.

지정학적 변동

에너지는 단순히 자원 그 자체만의 문제는 아니다. 세계적으로 자원 편중이 심할수록, 그 자원 확보에 모든 나라의 이익이 걸려 있게 된다. 왜냐하면 모든 나라가 공통의 에너지를 필요로 하기 때문이다. 따라서 중요한 자원이 편중되어 있으면 자원 확보를 위한 경쟁이나 갈등이 여러 가지 사회적, 군사적, 경제적 문제를 야기하게 된다. 이런 지정학적 변동과 위협을 가장 잘 보여주는 화석

연료가 바로 수송용 연료인 석유이다.

석탄은 이른바 가장 민주적인 자원이라고 할 수 있다. 모든 나라에 골고루 분포되어 있으며(한국, 일본은 예외다), 채굴과 활용 또한 모두 비슷하기 때문이다. 따라서 부족할 때 다른 나라에서 수입하고, 공급이 남으면 역시 다른 나라로 수출할 때도 큰 문제가 발생하지 않는다. 천연가스는 석탄과 석유의 중간 상태라고 할 수 있다. 석탄만큼 편재되어 있지는 않지만, 석유만큼 편중도 없다. 특히 중동에 집중된 석유보다는 지역적 편중이 적어서 천연가스 확보를 위한 군사적, 정치적 긴장을 가져오지 않는다. 최근 러시아와 우크라이나 전쟁으로 러시아가 유럽에 천연가스 공급을 거의 단절하다시피 함으로써 정치적, 경제적 군사적 긴장을 가져왔지만, 점진적으로 미국, 카타르의 증산으로 어느 정도 회복은 가능하리라고 본다.

하지만 석유의 편중은 심각한 에너지 부족 문제를 일으킨다. 석유는 자동차를 필두로 버스, 트럭 같은 내연 기관에 필요한 유일한 연료이다. 그리고 모든 나라들이 물류의 수송 및 운송, 그리고 교통을 자동차라는 내연 기관에 의존하고 있기 때문이다. 또한 석유는 다른 화석 연료와는 다르게 대체품이 없다. 지난 1, 2차 오일 쇼크는 당시 오펙이 생산량의 5~10% 정도만 감축한 상태였는데 원유 가격이 4~5배 정도 폭등하는 엄청난 상황을 초래했다. 그런 소규모의 감산 조치에도 전 세계의 자동차 연료와 석유 화학 원료의 물량 부족에 대한 공포로 가격이 폭등한 것이다. 석유의 힘이 얼마나 강력한지 다시금 경험한 사건이었다. 자라 보고 놀란 가슴 솥뚜껑 보고 놀란다는 속담이 있듯이, 우리는 이제 산유국의 '감산' 이야기만 나와도 걱정이 앞선다.

하지만 셰일 가스라는 대체품이 발견된 이상 오펙은 과거와 같은 무소불위 권력을 휘두르기는 어려울 것이다. 최근 국제 사회에서 보이는 사우디아라비아와 미국의 거리두기를 보면, 이제 사우디아라비아도 미국도 서로의 협력과 도움이 절실하지 않다는 것을 보여주고 있다. 지정학적인 변동이 시작되는 단계라고 볼 수 있다. 어쩌면 미국이 관여하지 않는 이란과 사우디아라비아의 관계에서 종교와 중동의 에너지 패권을 둘러싼 어떤 새로운 갈등이 발생할지 예측이 어려운 상황이다. 분명한 것은 미국의 셰일 가스 발견은 단순한 화석 연료의 대체 에너지를 발견한 것뿐만 아니라 전 세계 에너지 공급망의 변화와 그에 따른 지정학적 변동까지 가져오는 거대한 변화의 시발점이 되었다는 것이다.

이에 따라 우리나라의 원유 및 천연가스 수입 또한 어떤 방식으로든 영향을 받을 수밖에 없게 되었다. 참으로 바람 잘 날 없는 에너지 수요와 공급 변동이 셰일 가스의 발견으로 일어난 것이다. 미국이 새롭게 얻은 자원은 축복이다. 그렇다고 우리나라의 자원이 부족한 현실만 탓하고 있을 수는 없는 노릇이다. 다만 이것이

우리나라 에너지의 안정적인 수입과 공급의 안전을 보장받는 계기가 되기를 바랄 뿐이다. 또 다른 지정학적인 영향을 살펴보면, 당연히 미국의 경쟁국이자 가스 수출 최대국인 러시아의 유럽에 대한 천연가스 공급 결정권을 약화시키는 역할을 할 것이다. 이것은 전 세계의 천연가스 공급망의 변동을 가져오게 되는 기폭제가 될 것이다.

셰일 가스의 미래

이제 셰일 혁명이라고 불리는 셰일 가스의 미래를 생각해 보자. 우선 셰일 가스의 발견은 그동안 인류가 염려해왔던 화석 연료 고갈이라는 문제를 해결했다. 내가 대학을 다니던 1970년 말에 석유의 매장량은 인류가 앞으로 30년 정도 사용할 정도라고 배웠다. 그런데 미국 유학을 마치고 1990년대 초에 대학에서 에너지 과목을 가르치면서 자료를 보니, 석유의 잔존 수명은 과거와 같이 그대로 30년이었다. 그 이유는 과거보다 석유 탐사 기술이 발전하여 새로운 유전이 발견되었고, 채굴 기술과 함께 기존의 폐유전에서 추가적인 석유 채굴이 가능한 기술이 발전했기 때문이다. 그럼에도 불구하고 인류에게 필요한 석유 생산을 계속 증가했기 때문에 사실상 석유의 종말은 그리 먼 미래는 아니었다.

그런데 새로운 셰일이 발견되고 매장량을 추정한 결과 인류가 사용할 수 있는 셰일 가스의 잔존 수명은 대략 100년 정도라고 한다. 이 정도의 기간이면 인류는 화석 연료를 대신할 새로운 에너지를 발견할 가능성이 매우 높다. 다행스럽게도 가까운 시기에 석유 고갈을 맞이할 것이라는 우울한 미래는 피하게 된 것이다. 하지만 셰일 또한 화석 연료이기 때문에 이산화탄소 방출을 막을 수는 없다. 단지 기존의 화석 연료를 대체할 자원을 충분히 확보했다는 점에서 위안을 얻을 뿐이다. 게다가 중동과 러시아로 편중된 석유 자원이 다른 지역으로 분배되는 효과가 있기 때문에 자원 부족에 따른 갈등이 과거처럼 극심하지는 않을 것이다.

셰일 가스 채굴은 기존의 석유와 같은 방식으로 발전할 것이다. 즉 지속적인 기술 개발과 투자로 생산량이 증가할 것이다. 하지만 셰일 채굴 업체 또한 이익을 추구하는 사기업이기 때문에 적절한 이익 추구를 위하여 아주 낮은 셰일 가격을 고수하지는 않을 것이다. 즉 셰일 혁명으로 셰일 가스와 셰일 오일이라는 에너지 공급이 크게 늘어난다고 해서 에너지 가격이 급락하는 일은 없을 것이다. 그리고 전 세계적으로 과거와 같은 오펙의 횡포는 더 이상 통용되지 않을 것이다. 미국의 셰일 가스 생산으로 미국은 유가 결정에 큰 영향력을 가지게 되었고, 이제 미국은 지금의 러시아나 사우

디아라비아 정도의 산유국이 되었기 때문이다. 다만 아직 셰일 가스를 운반하는 파이프라인이 완벽하게 건설되지 못하고 있고, 수출에 필요한 터미널 시설이 부족하기 때문에 기존의 러시아의 천연가스, 사우디아라비아의 원유에 대한 강력한 가격 결정권처럼 지배력은 갖지 못했지만 미국의 입김이 강해지는 것은 시간문제일 뿐이다.

현재 셰일 가스 관련 채굴이나 생산의 관련 자료를 보면 과거처럼 생산성이 높은 셰일 가스 유전은 점점 감소하는 추세라고 한다. 우선 가장 기초적인 채굴에 필요한 강관의 가격이 상승하고, 각종 장비나 화학 약품의 가격이 상승했기 때문이다. 그리고 지속적인 채굴을 확보하기 위해 생산량을 크게 늘리지 않기 때문에 특정 단위 규모의 유전에서 나오는 가스의 채굴 증가가 크지 않다. 더구나 민간 기업이기 때문에 정부의 증산 압력에도 철저히 주주의 이익과 재무 관리에만 신경을 쓴다. 그 이유는 셰일 가스 개발 초기에 너무 많은 가스를 생산하는 바람에 셰일 가스와 셰일 오일 가격의 폭락으로 많은 업체가 파산한 전적이 있기 때문이다.

셰일의 미래를 결정한 또 다른 요인은 미국 다음으로 많은 매장량을 가지고 있는 중국이 미국의 기술과 자본을 도입하여 본격적인 셰일 가스 시추 작업을 진행하고 있다는 사실이다. 다만 물 부족, 기술 부족으로 미국 셰일 가스보다 생산 원가가 두 배 이상 높다는 문제가 있지만, 그동안의 무분별한 석탄 이용에 따른 환경 문제와 고질적인 전력 부족을 해결할 수 있는 가장 중요한 수단으로 여기고 있기 때문에 셰일 가스 발굴에 목을 매고 있는 실정이다. 한편 유럽의 경우에도 폴란드, 프랑스를 위시한 동유럽에 매장량이 풍부한 셰일 가스층이 존재하고 있는데, 환경 파괴(수압 파쇄에 따른 지하수 오염, 소규모 지진 등)의 우려 때문에 아직은 셰일 가스의 생산이 매우 느리게 진행되고 있다.

한편 2022년 봄에 시작된 러시아-우크라이나 전쟁으로 유럽으로 향하는 러시아의 천연가스 공급이 줄어들면서 국제적인 에너지 관련 경제 위기가 발생했다. 물가 상승과 자원 부족 문제로 경제 위기가 닥친 것이다. 과거 셰일 가스가 없을 때는 러시아의 에너지 위협에 속수무책으로 당했겠지만, 지금은 셰일 가스 덕분에 어느 정도 여유를 가지게 되었다. 그런데 미국이 셰일 가스 증산을 통하여 유럽에 천연가스를 대량으로 공급하지 못하는 이유는 앞서 언급했던 요인들 때문이다. 즉 증산을 통한 가스 가격 하락으로 인한 파산 공포, 채산성 있는 유전의 장기간 운영, 수출에 필요한 인프라(파이프라인, LNG 수출 터미널) 부족 때문이다. 하지만 장기적으로 보면, 채산성 있는 새로운 셰일 가스층 발견, 환경 오염에 대한 대안책 마련, 지속적인 기술 개발로 지금의 천연가스 공급 부족이라는 문제는 어느 정도 해결이 될 것으로 예상된다.

셰일 혁명과 우리

셰일 혁명이 향후 우리나라에 미치는 영향을 살펴보자. 셰일 가스가 안정적으로 생산되고 지속적으로 생산량이 증가하게 되면, 과거보다 낮은 가격 덕분에 천연가스가 새로운 화석 연료의 대표주자가 될 것이다. 과거 몇 년간 대략적인 천연가스 가격은 미국이 4달러/MMBtu일 때 유럽은 12달러, 한국과 일본은 16달러 정도로 안정적이었다. 하지만 미국이 수출에 필요한 인프라를 충분히 갖추고 수출을 증가하면 당연히 수입하는 가스 가격은 낮아질 것이고, 이는 곧바로 석탄 화력 대신 가스 화력 발전을 사용할 가능성이 커지게 된다. 게다가 국내의 석유 화학은 주로 중동 원유에서 얻은 납사를 원료로 석유 화학 제품을 생산했으나, 이제는 납사 대신 셰일 가스에서 나오는 에탄, 프로판, 부탄을 이용하는 것이 보다 경제적이 될 것이다. 이것은 우리나라의 강점인 LNG 운반선의 수요를 증가시킬 것이고, 우리나라 조선업에도 긍정적인 영향을 끼칠 것으로 예상된다. 하지만 셰일 가스와 셰일 오일의 생산으로 고비용이 요구되는 기존의 해양 유전 개발은 경제성을 잃게 될 것이기 때문에 우리나라의 또 다른 강점인 해양 플랜트 산업은 쇠퇴할 것으로 예측된다.

한편 셰일 가스 유전은 기존의 전통적 유전보다 매장량이 적어서 시추도 빨리 하지만, 채굴 기간도 빨리 끝난다. 그래서 지속적인 채굴에 필요한 강재가 많이 요구되기 때문에 우리나라의 포항제철을 포함하여 철강, 제강 산업은 긍정적인 영향을 받을 것이다. 또한 제철소의 고로를 가열하는 데 사용되었던 석탄 대신 셰일 가스를 사용하면 이산화탄소 배출을 감소시키는 효과도 얻을 수 있게 될 것이다.

하지만 셰일은 미국의 전유물이 아니다. 단지 우수한 기술력으로 가장 먼저 셰일 가스를 생산한 것뿐이지 미국에만 있는 자원은 아니기 때문이다. 따라서 조만간 중국과 동유럽을 중심으로 다른 나라에서도 셰일 개발에 박차를 가하게 되면, 우리는 더 여유 있게 화석 연료를 사용할 수 있게 될 것이다. 그런데 기후 변화를 막기 위해 신재생 에너지를 확대할 것인지, 아니면 새로 얻은 셰일 가스 사용을 확대할 것인지에 논쟁이 이어질 것이다. 우리는 추가적인 이산화탄소의 배출과 값싼 화석 연료의 출현이라는 두 얼굴을 가진 셰일 가스를 어떻게 다룰 것인가? 미국에게는 구세주와 같았던 셰일 가스가 어쩌면 인류에게는 악마 같은 존재가 될 수도 있다.

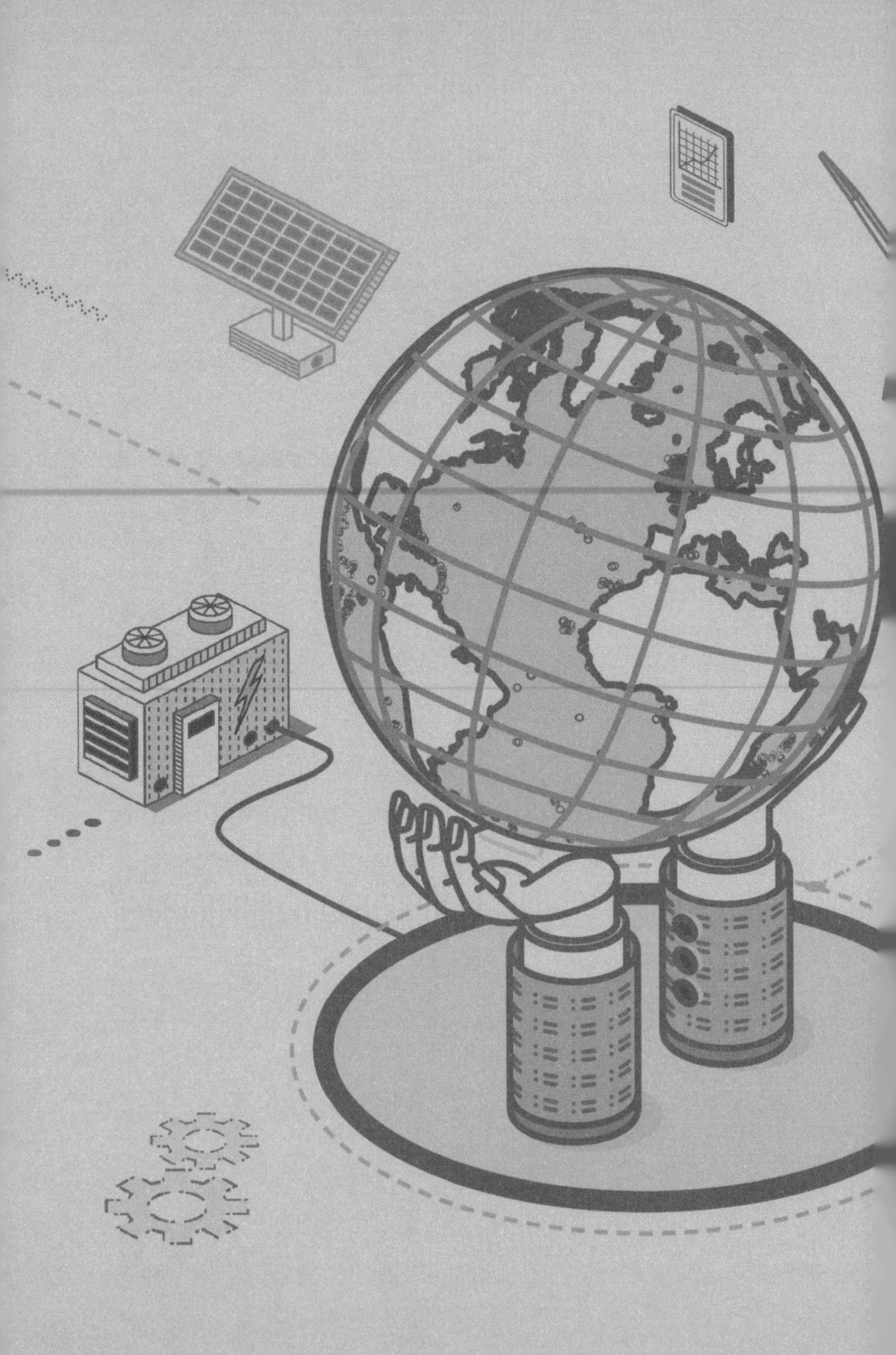

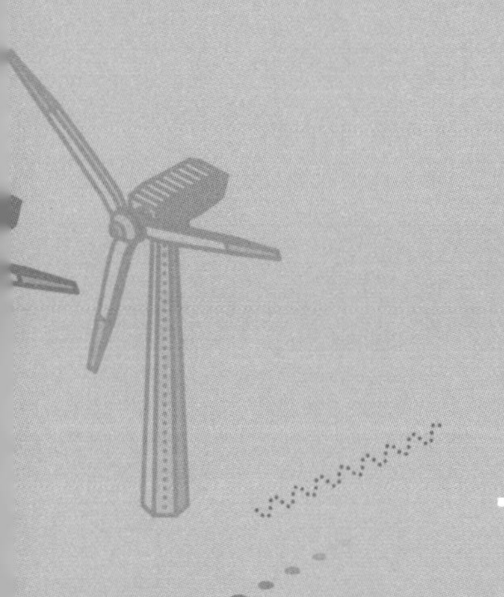

제7장

수소와 연료 전지

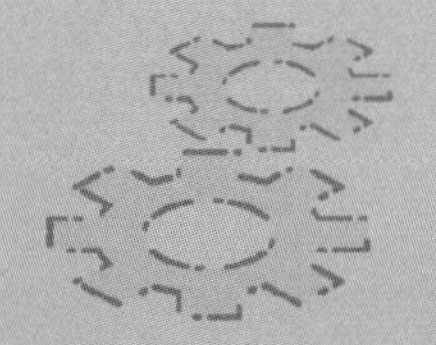

수소 혁명

1937년 5월 6일, 독일의 프랑크푸르트에서 미국 뉴저지주 레이크허스트에 착륙하려던 비행선 힌덴부르크가 원인 모를 이유로 공중 폭발했다. 당시 이 비행선은 길이가 무려 245미터로 지금의 보잉 747 비행기의 세 배 정도의 엄청난 크기로 '하늘의 타이타닉'이라 불렸다. 원래 비행선에 채우는 기체는 헬륨이었으나, 헬륨의 생산량이 적어 수소로 대체해서 비행을 해왔다. 이 비행선 폭발 사고로 97명의 승객과 승무원 35명이 사망하는 참사가 벌어졌다. 이후 밝혀진 폭발 원인은 무리한 착륙으로 수소가 유출되었고, 마침 착륙을 위한 계류 밧줄의 정전기로 인해 수소가 폭발하면서 화재로 이어졌다고 한다. 이 사고 이후 대륙을 횡단하던 비행선은 자취를 감추었고, 비행기의 시대가 열리게 되었다. 아울러 이 사건은 수소에 대한 부정적인 이미지와 공포심을 불러오게 되어서 이후 수

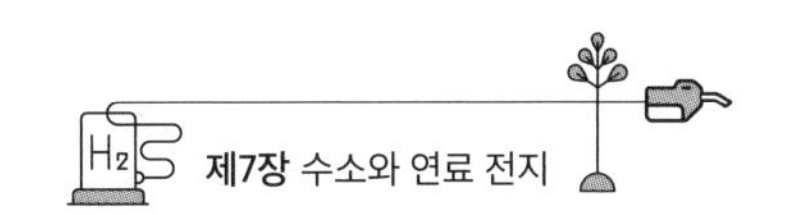

소를 상업적 용도로 활용하려는 연구는 모두 중단되었다.

하지만 미래의 에너지를 이야기할 때 수소 에너지를 빼놓을 수 없다. 2003년 세계적인 미래학자 제러미 리프킨의『수소 혁명』이라는 책이 우리나라에도 소개되었다. 이 책은 사람들에게 에너지로서 수소의 역할에 대해 지대한 관심을 불러일으켰다. 책의 원제목은 '수소 경제(The hydrogen economy)'인데 한국어판은 '수소 혁명'으로 번역되었다. 책의 내용을 간추리면, 미래에는 에너지의 전달 수송체로서, 그리고 에너지의 활용에 있어서 수소가 큰 역할을 하게 될 것이며 지금의 화석 연료 기반의 경제 체제가 수소 기반 경제 체제로 바뀌게 될 것이라는 장밋빛 전망을 내 놓았다. 그러나 제러미 리프킨이 주장한 수소 경제는 그의 예상보다는 아주 느리게 진행되어 왔다. 하지만 최근 지구 온난화에 대한 대중들의 관심과 전기 자동차의 폭발적인 확대, 새로운 청정에너지원의 탐색으로 그의 전망이 다시 구체적으로 실현되기 위한 초기 단계로 들어가고 있다.

수소가 미래의 에너지원으로 중요한 이유는 자명하다. 수소는 에너지를 얻기 위해 연소할 때, 지구 온난화를 일으키는 이산화탄소를 배출하지 않고 오직 물 또는 수증기만 배출하기 때문이다. 또한 수소의 원료가 물이라는 측면에서 보면 무궁무진한 연료이다. 따라서 수소는 지금의 기후 변화 위기와 화석 연료 고갈, 화석 연료 사용에 따른 환경 오염 문제를 동시에 해결할 수 있는 에너지이다. 그런데 이렇게 많은 장점을 가지고 있는 수소가 왜 아직까지 에너지원으로 사용되지 못했던 것일까?

수소는 화석 연료처럼 매장되어 있는 것이 아니라 물과 같은 화합물 형태로 존재하고 있기 때문에 수소를 생산하는 일은 쉽지 않다. 비록 물이 지구상에 흔한 물질이기는 하지만 물에서 수소를 분리하는 일은 매우 어렵다. 수소를 얻는 방법으로는 여러 가지가 있지만 크게는 물의 전기 분해와 메탄의 수증기 개질 방법이 있다. 아마 중고등학교 시절에 물을 전기 분해하면 수소와 산소가 나온다는 사실을 배웠을 것이다. 그리고 과학 시설이 잘 갖추어진 학교에서 배운 학생은 실제로 건전지를 이용한 물의 분해 과정을 직접 눈으로 보았을 것이다. 바로 그런 전기 분해를 대형 수조에서 수행하는 것이다. 그리고 메탄의 수증기 개질이란 메탄가스와 물의 화학 반응을 이용하여 수소와 이산화탄소를 생산한 후에 수소만 분리하는 것이다.

우선 물의 전기 분해는 전기 화학 반응이지만 전기 분해에 들어가는 전기 에너지와 생성된 수소 에너지의 양을 비교하면 경제적으로는 마이너스이다. 그래서 물의 전기 분해는 아주 순수한 수소를 얻을 때나, 물 분해 과정의 부산물인 산소를 고순도로 얻을 필요가 있을 때 주로 사용한다. 그렇기 때문에 화력 발전소에서 만

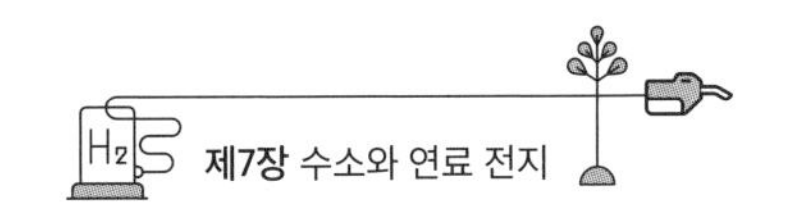

들어진 전기를 사용하여 수소를 얻는 것은 비경제적이다. 그런데 최근 태양광과 풍력, 소수력 발전 등 신재생 에너지의 폭발적 설치에 따라 과잉 생산된 잉여 전기를 물의 전기 분해에 사용하는 전력 연계 시스템이 만들어지면서 물의 전기 분해가 새로운 수소 생산 방법으로 주목받게 되었다.

한편 메탄의 수증기 개질 반응은 100년 이상 사용한 오래된 방법으로 기술적으로 잘 확립된 공정이다. 이 기술은 현재 가장 경제성이 높은 방식으로 대량의 수소를 얻는 데 사용되고 있다. 메탄의 수증기 개질 반응에서 얻어진 수소는 매우 값싼 수소로서, 지금까지 석유 화학, 정유, 식품, 반도체 산업에 공급되고 있다. 이 기술은 오랜 기간 개선과 혁신을 통하여 적은 비용으로 대량의 수소를 얻는 방식이었으나, 부산물로 생산되는 이산화탄소가 지구 온난화의 주범으로 지목되면서 문제가 되기 시작했다. 수소 수요가 커질수록 수증기 개질에서 생산되는 이산화탄소 또한 많아지기 때문에 이는 지구 온난화를 촉진하는 결과를 가져온다. 그래서 기존의 수소 생산 방법이 아닌 이산화탄소 배출이 없는 대량의 수소 생산 기술이 요구되고 있다.

수소 생산이 중요한 또 다른 이유는 바로 연료 전지의 성장 때문이다. 연료 전지는 간단히 설명하면 수소와 산소를 연료로 사용하여 전기 화학 반응으로 전기를 생산하는 기술이다. 산소는 공기

중에 21% 정도 있기 때문에 수소만 잘 공급하면 화력 발전소 없이도 전기를 생산할 수 있게 된다. 그렇게 된다면 연료 전지는 정말로 매력적인 에너지 전환 장치가 아닐 수 없다.

현재 연구되거나 상업적으로 활용되는 연료 전지는 여러 가지가 있는데 그중에서 상온에서 작동하는 고분자 연료 전지가 가장 상업화에 가깝다. 이 고분자 연료 전지의 연료가 바로 수소이기 때문에 향후 고분자 연료 전지의 활용이 확대되면, 고순도의 수소(연료 전지의 경우에는 매우 높은 순도의 수소가 필요하다)가 기존의 산업 수요에 더하여 추가로 필요하게 될 것이다. 따라서 수소의 대량 생산으로 연료 전지가 전기를 생산할 수 있다면 기후 변화와 환경 문제를 동시에 해결하는 두 마리 토끼를 잡게 되는 셈이다. 그런데 이런 우수한 연료 전지가 왜 지금까지 실용화되지 못했을까 의문이 들 것이다. 이에 대해서는 뒤의 연료 전지에서 상세히 설명할 것이다.

수소 에너지의 단점

어느 에너지원이든 항상 문제는 있다. 일단 수소는 기존의 수증기 개질 방법으로 만들기에는 한계가 있다. 화석 연료의 고갈과 지구 온난화를 유발하는 문제 때문에 새로운 방식의 수소 생산이

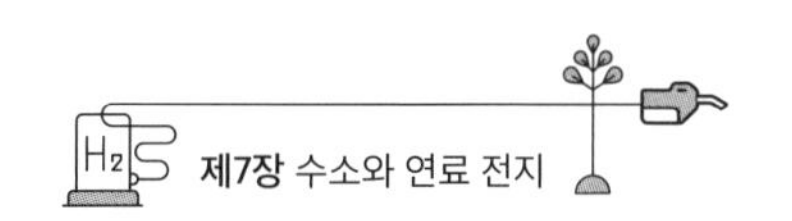

필요한데, 가장 좋은 방법은 신재생 발전 설비에서 남는 잉여 전기를 사용하여 물의 전기 분해로 수소를 얻는 것이다. 그리고 이때 만들어진 수소는 저장하였다가 전기가 필요한 경우 연료 전지에 공급하여 필요한 전기를 다시 얻는 것이다. 문제는 현재 전 세계적으로 신재생 에너지에서 얻는 전기에서 잉여로 남아도는 전기가 매우 적다는 것이다(덴마크, 노르웨이에서 종종 소수력 발전, 풍력, 태양광으로 잉여 전력이 발생한다. 우리나라의 경우 제주도 풍력 발전에서 가끔 잉여 전력이 발생한다).

한편 신재생 에너지의 잉여 전기로 수소를 만드는 것은 기존의 화력 발전소에서 제공하는 안정적이고 예측 가능한 전기 공급과는 다르다. 즉 신재생 에너지는 그날의 날씨에 의존하기 때문에(기후가 아니다) 정확한 전기 생산량을 예측하기가 어렵다. 그래서 신재생 에너지에서 생산되는 전기에 의한 전기 분해 시스템과 수소 생산 설비를 정확하게 설계하기가 어렵다. 다른 방법은 기존 수증기 개질법을 사용하여 수소를 생산하고, 부산물로 생산되는 이산화탄소를 포집하여 재사용하는 CCSU(carbon capture, storage and utilization) 기술이 있기는 하지만, 현재 기술 수준으로는 이산화탄소를 포집하는 데 비용이 많이 든다는 단점이 있다. 어떤 방식으로든 이산화탄소 방출 없이 수소를 대량으로 생산하는 기술을 개발해야만 본격적으로 수소의 시대가 올 것이다.

한편 우리가 새로운 방식으로 대량의 수소를 생산하는 기술을 개발했더라도, 그것을 에너지원으로 사용하는 데 있어서 치명적인 단점은 보관과 운송의 어려움이다. 수소는 주기율표에서 보면 가장 가벼운 원소로 항상 기체 상태를 유지하고, 쉽게 액화되지 않는다. 그래서 수소를 잘 활용하기 위해서는 압축 또는 액화 기술이 필요한데, 특히 수소는 압축이나 액화가 어렵다 보니 압축이나 액화에 큰 에너지가 소비된다.

수소의 수송은 액화 상태의 액체나 고압으로 압축된 가스 형태로 수송이 되는데, 우선 액화 상태의 수소의 경우에는 수소의 기화점이 매우 낮아서 액화수소 용기의 웬만한 보온으로는 낮은 온도 조건을 유지하기 어렵다. 한편 고압의 기체로 수송을 할 경우에는 고압의 압축기와 고압을 견디는 용기를 제작해야 하는 어려움이 있다. 하지만 그럼에도 불구하고 미래의 에너지원으로 수소를 선택해야 하는 것은 너무나 절실한 일이다. 지구 온난화를 멈추고, 화석 연료 고갈을 대비하고, 환경 오염 문제를 해결할 수 있는 유일한 자원이기 때문이다.

수소는 미래의 에너지원으로서 중요성이 점점 더 부각되고 있으며, 여러 분야에 활용하기 위한 프로젝트가 시행되고 있다. 우선은 앞서 언급한 연료 전지에 필요한 연료로서의 수소가 있고, 다른 하나는 가정용 난방이나 취사, 온수에 사용되는 연료로서의 수소

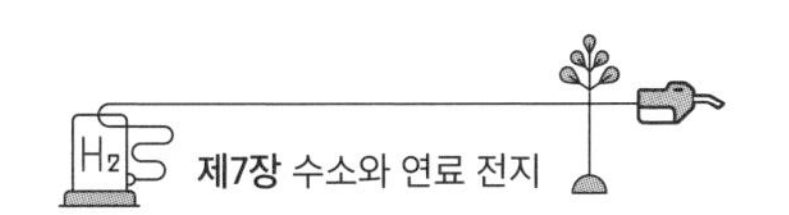

가 있다. 수소를 연료로 사용하면 가정과 화력 발전에서 발생하는 이산화탄소를 획기적으로 줄일 수 있기 때문이다. 최근 천연가스 의존도가 큰 영국에서 기존에 설치된 도시가스 파이프라인에 약간의 수소를 첨가하여 이를 연소하는 대규모 프로젝트를 실행 중이다. 이에 특별한 문제점이 발견되지 않았기 때문에 수소의 첨가 비율을 더욱 높이려 하고 있다. 앞서 이야기했듯이 이렇게 되면 가정에서 사용하는 도시가스로 인하여 배출되는 이산화탄소의 양은 획기적으로 감소하게 된다. 이것이 가정용 연료로서 수소의 가능성을 확인한 프로젝트 중 하나이다. 연료 전지에 사용되는 수소의 활용은 뒤의 연료 전지에서 추가적으로 설명할 것이다.

한편 수소의 수송과 보관에 관해서는 새로운 시도가 이루어지고 있다. 앞서 말했듯이 수소는 이송과 보관이 어렵기 때문에, 수소를 수소 화합물로 변환한 후에 최종 사용처에서 다시 분해 반응으로 화합물에서 수소만 분리하여 사용하는 방법이 제안되었다. 여기에서 제안된 수소 화합물이 바로 암모니아(NH_3)다. 우리가 잘 알고 있는 화장실에서 나는 역겨운 냄새를 풍기는 물질이다. 암모니아는 수소와 질소의 화합물로서 질소 비료의 원료이기 때문에 오래전부터 수소와 질소를 이용하여 암모니아를 합성하는 기술이나 암모니아에서 수소를 분리하는 기술 모두 개발이 되어 있다. 그래서 암모니아를 수소 운반체로 이용하는 데 기술적인 장벽은 없다.

현재 이 연구의 선두 주자는 수소 활용에 매우 적극적인 일본이다. 이 새로운 연구는 실험적으로 호주의 신재생 에너지 설비에서 생산된 전기로 수소를 만든 후에 질소와 함께 암모니아로 합성하여 액체 암모니아를 선박으로 수송하여 일본에 보낸다. 일본 항구에 도착한 암모니아는 그곳에서 수소와 질소로 분리하여, 질소는 다시 회수하여 암모니아 합성에 사용하고, 수소는 수소의 소비처로 파이프라인을 통해서 공급하려는 것이다. 이것은 향후 신재생 에너지 자원이 풍부한 북아프리카, 남유럽에서도 시도할 만한 프로젝트이다.

이렇게 하면 수소의 압축, 또는 액화에 드는 비용과 운반에서 손실을 막을 수 있다는 장점이 있다. 이것은 크게 보면 생산된 전기를 송전탑을 이용해 전기라는 에너지를 공급하는 대신에 수소라는 새로운 에너지 수송체를 활용하는 것이라고 볼 수 있다. 이 경우에 전기 송전에 필요한 비용과 수소 수송에 필요한 비용을 비교해 보면, 어떤 것이 미래의 에너지 수송체로 적절한지 알 수 있을 것이다. 유럽에서는 부족한 전기의 원활한 공급을 위하여 사하라 사막 근처의 북아프리카 지역에 대규모 태양 전지 발전소와 풍력 발전소를 건설하여 여기서 얻은 전기를 고전압 직류 송전탑으로 송전하여 유럽 전역에 전기를 공급하려는 프로젝트가 진행 중이다. 그러나 가장 큰 문제가 장거리 송전에 따른 송전 손실과 송전

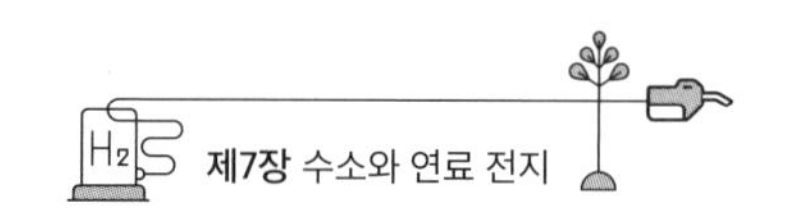

탑 건설 비용이다. 그래서 대안으로 신재생 에너지에서 얻은 전기를 사용하여 물 분해로 수소를 얻고, 이것을 직접 액화하거나 또는 전환한 후에 배를 통해서 쉽게 유럽으로 보내 사용처에서 다시 수소로 사용하거나, 연료 전지를 통해서 전기를 생산하는 방법을 연구하고 있다. 이렇듯 수소는 우리가 생각하는 것보다 훨씬 다양하게 미래의 에너지, 에너지 수송체로 활용이 가능하다.

연료 전지의 현재와 미래

2000년 3월 나스닥에 상장된 후 겨우 5년 정도 지난 무명의 연료 전지 생산업체인 '발라드파워' 회사의 주가가 갑자기 113달러로 치솟았다. 이 회사는 1987년 발라드라는 물리학자가 설립한 연료 전지 생산 업체이다. 발라드파워는 1998년 미국 시카고와 캐나다 밴쿠버에 시연용 버스 3대를 공급하면서 이름이 알려지게 되었다. 그리하여 주식을 상장한 1996년에는 주가가 대략 3~4달러 정도였는데 2000년에 들어서자마자 순식간에 25배 이상 급등한 것이었다. 이것은 지금의 테슬라 주식 열풍보다 더한 광기의 주식 투자를 가져왔다. 사람들은 새로운 개념의 버스 출현에 열광했고, 기존 디젤 버스의 문제점을 완벽하게 해결한 기술적 진보에 놀라워했다. 하지만 수소의 원활한 공급 문제, 짧은 연료 전지 수명, 비싼 가격으로 대중의 반응은 실망으로 바뀌었다. 2018년 중국과 버스 공급을 위한 전략적 협약을 체결하면서 주가는 다시 반등해서 30달러 수준까지 급등했지만, 그 뒤로 결정적인 진보를 가져오지 못하면서 주가는 다시 급락하여 2022년 현재는 약 5달러 정도이다. '발라드파워'라는 연료 전지 회사의 주가 변동은 연료 전지에 대한 대중의 관심과 평가의 시간적 변화와 같다고 볼 수 있다. 하지만 이제는 기후 변화에 대한 우려가 커지면서 시대가 바뀌었고, 수소와 연료 전지에 관련된 기술적 진보도 많이 이루어지면서 전체적인 상황이 변했다. 그래서 연료 전지가 수소와 함께 미래의 에너지원으로 다시 주목을 받게 되었다.

앞서 언급한 수소와 연계하여 뗄 수 없는 미래의 에너지 전환 장치가 바로 연료 전지이다. 연료 전지는 전기 화학 반응을 이용하여 에너지의 형태를 전환시키는 에너지 전환 장치이다. 앞서 에너지는 생성되지도 않고 소멸되지도 않는다는 열역학 1법칙을 소개한 바 있다. 즉 수소와 산소의 화학 반응으로 물이 생성되는 과정에서 전기를 얻는 새로운 형태의 에너지 전환 장치인 것이다. 반면 화력 발전소는 화석 연료를 전기 에너지로 바꾸는 곳이고, 자동차는 화석 연료를 기계적 에너지로 바꾸는 에너지 전환 장치라고 보면 된다. 연료 전지가 기존의 에너지 전환 장치와 다른 점은 바로

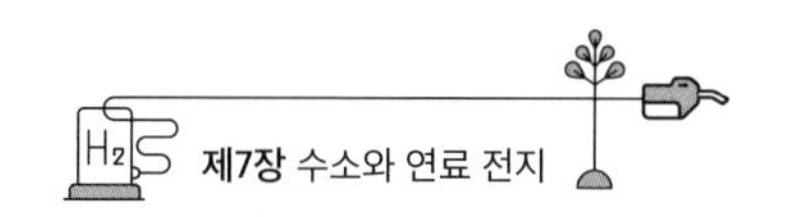

에너지 전환 과정에서 이산화탄소가 발생하지 않고, 부산물로는 단지 물만 배출된다는 점이다. 또한 에너지 전환 효율이 매우 높다. 그리고 연료 전지는 원자력 발전소와 유사하게 화석 연료를 사용하지 않고 전기 에너지를 생산한다.

사실 연료 전지는 우리가 생각하는 것보다 오래전에 발명된 장치이다. 제임스 와트의 증기 기관 특허가 1769년에 출원된 점을 고려하면, 1839년 영국의 물리학자 윌리엄 그로브가 발명한 연료 전지 또한 그 역사가 오래된 에너지 전환 장치임을 알 수 있다. 대부분의 화학 반응은 가역성을 갖는다. 즉 물의 전기 분해로 수소와 산소를 만드는 것이 정반응이라면, 그 역반응인 수소와 산소로부터 물과 전기를 만드는 것도 가능하다. 당시 그로브는 물의 전기 분해를 연구하다가 반대로 산소와 수소를 반응시키면 물이 생성되면서 전기가 발생할 것이라는 생각으로 연료 전지를 만들었다. 그럼에도 불구하고 이후 증기 기관처럼 연료 전지가 중요한 에너지 전환 장치로 활용되지 못한 이유는 바로 경제성이었다. 물론 증기 기관에 비하여 정교한 제작 과정이 필요하기도 했지만, 상업적 규모의 생산에 큰 장애물은 바로 높은 제작 비용과 짧은 수명 때문이었다. 이것이 연료 전지가 가진 탁월한 장점에도 불구하고 아직까지 실용화되지 못한 이유였다.

연료 전지는 우리가 알고 있는 배터리와 유사하게 양극, 음극,

전해질로 이루어져 있으며 외부에서 공급되는 연료와 산화제가 전기 화학 반응을 일으키는 장치이다. 다만 차이점은 배터리는 전기 화학 반응에 필요한 물질이 배터리 내부에 있는 것이고, 연료 전지의 경우에는 전기 화학 반응에 필요한 연료가 외부에서 계속 공급되어야 한다는 것이다. 따라서 배터리가 방전되면 충전이 필요한 것처럼, 수소 연료 전지 자동차에 사용되는 연료 전지도 연료인 수소가 모두 소진되면 수소 탱크에 다시 수소를 충전해야 한다. 하지만 이 경우에 전기 자동차의 배터리와 달리 수소를 충전하는 시간도 짧고, 충전된 수소를 운전할 수 있는 거리도 전기 자동차보다 길다. 게다가 수소 연료 전지 자동차에서 연료 전지와 수소 탱크가 차지하는 부피와 무게는 전기 자동차에서 배터리가 차지하고 있는 부피와 무게에 비하면 상대적으로 작은 편이다. 다만 수소 연료 전지 자동차에 필요한 수소 충전소를 설치하는 비용이 전기차 충전소보다 높다는 단점이 있다. 과거에는 약 350기압 정도의 압력으로 수소를 충전했는데, 최근에는 700기압 정도까지 압축된 수소를 사용하면서 수소 연료 전지 자동차의 운행 거리는 더욱 늘어나게 되었다. 하지만 고압의 수소 압축기와 고압의 수소 저장 용기의 비용이 증가한다는 것이 아직 문제로 남아 있다.

연료 전지는 사용되는 연료와 전해질 종류에 따라 크게 알칼리 연료 전지, 고분자 (전해질) 연료 전지, 용융 탄산염 연료 전지, 고

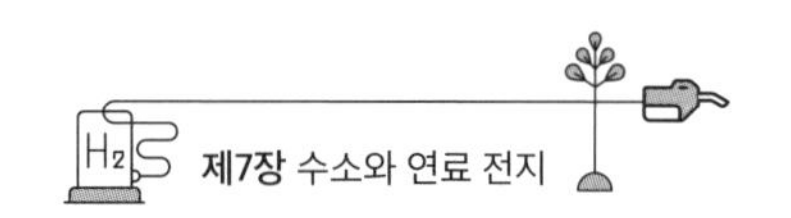

체 산화물형 연료 전지로 나누어진다. 그중에서 실용화에 가까운 연료 전지는 상온에서 작동하는 고분자 연료 전지(정확히는 고분자 전해질 연료 전지라고 한다)로 현재 상업화가 되어 현대자동차의 수소 연료 전지 자동차인 '넥소'에 적용되고 있다. 기존의 내연 기관 자동차의 연료 탱크 대신에 고압의 수소가 충전된 수소 탱크로 연료 전지의 연료가 공급되면, 대기에 존재하는 산소와 반응하여 물이 생성되면서 전기가 발생하고, 이 전기를 가지고 자동차 모터를 구동하게 된다. 이런 방식의 자동차를 수소 연료 전지 자동차라고 하며, 이산화탄소를 배출하지 않는 방식에서 전기 자동차와 유사하다고 할 수 있다. 다만 전기 자동차는 수소 대신 대량의 배터리를 직렬/병렬 연결하여 전기를 얻는 반면, 수소 연료 자동차는 수소와 연료 전지 시스템(연료 전지 스택이라고 한다)으로 전기를 얻고 있다. 전기의 힘으로 움직이는 이 각각의 자동차들의 장단점을 비교해보면, 배터리 자동차는 배터리의 무게, 배터리가 차지하는 공간에서 단점이 있고, 수소 연료 자동차는 연료 전지의 성능과 수명, 안정적인 수소 공급의 어려움이라는 문제를 가지고 있다. 또한 전기 자동차는 충전 시간이 긴데 반하여 수소 연료 자동차는 충전 시간이 매우 짧다는 차이도 있다.

한편, 연료 전지는 수소와 산소의 전기 화학 반응으로 전기를 얻는 에너지 전환 장치이므로 당연히 자동차 엔진으로만 사용되는 것은 아니다. 수소와 산소를 원료로 하지만, 전기를 얻을 수 있다는 점에서 기존의 화력 발전소와 같은 기능을 한다고 볼 수 있다. 즉 기존의 화력 발전소에서는 석탄이나 천연가스를 원료로 공기 중의 산소를 이용하여 연소하면서 전기를 생산하는 것이고, 연료 전지는 수소를 원료로 공기 중의 산소와 전기 화학 반응으로 전기를 생산하는 것이기 때문이다. 그래서 대규모의 연료 전지를 설치하면 새로운 개념의 발전소가 되는 것이다.

이런 대규모 연료 전지 발전소에 적합한 연료 전지는 앞서 언급한 고체 산화물형 연료 전지(고체 산화물이 전해질), 그리고 용융 탄산염 연료 전지(용융 탄산염이 전해질)이다. 자동차용 연료 전지는 높은 전기 출력을 필요로 하지 않기 때문에 낮은 온도에서 작동하는 고분자 연료 전지가 적합하다. 그러나 발전소와 같이 높은 전기 출력이 필요한 곳에서는 자동차용 연료 전지와는 다른 형태의 연료 전지가 필요하다(자동차용 연료 전지 출력은 수백 킬로와트[KW]이고, 발전소는 수십 메가와트[MW]이다). 일반적으로 연료 전지의 전기 화학 반응은 온도가 높을수록 반응이 쉽게 진행되므로 온도가 높을수록 높은 출력을 얻을 수 있다. 그래서 발전소에 적합한 연료 전지는 높은 온도에서 운전된다. 그리고 개질기가 내부에 있기 때문에 수소 대신에 메탄이나 프로판가스와 같은 탄화수소를 원료로 사용할 수 있는 장점이 있다. 그래서 자동차용 연료 전지에 쓰이는 수소와

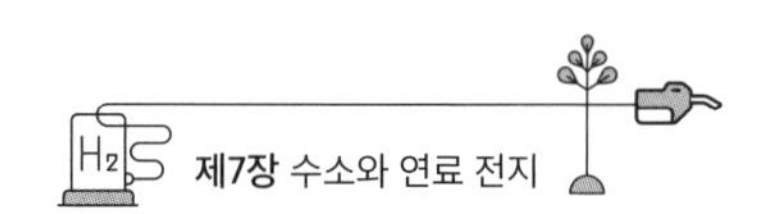

는 달리 연료 공급에서 어려움은 없다. 다만 높은 온도에서 작동이 되기 때문에 연료 전지의 열적 안정성과 수명에서 문제점이 존재한다.

모든 연료 전지는 연료 전지 셀이 겹겹이 쌓인 스택으로 이루어져 있다. 그래서 스택의 크기가 바로 연료 전지의 출력을 결정하는 것이다. 마치 배터리의 숫자가 전기 자동차의 출력을 의미하는 것과 같다. 스택의 크기는 자유자재로 만들 수 있기 때문에 발전소의 출력을 특정한 요구 출력이나 지역 특성에 맞게 쉽게 조절할 수 있는 장점이 있다. 이것은 일반적인 석탄 화력 발전소의 경우에는 보통 500MW, 그리고 원자력 발전소의 경우에는 보통 1000MW(1 GW)가 표준 크기인 것과는 매우 다른 특징이다. 연료 전지는 규모의 경제 원리를 따르는 것이 아니라 원하는 장소에 필요한 출력을 자유자재로 공급할 수 있는 유연성이 매우 큰 발전소다.

하지만 연료 전지 발전소의 가장 큰 장점은 전기 소비처 근처에 설치가 가능하다는 점이다. 즉 대도시 근처에 설치가 가능하다. 왜냐하면 연료 전지 가동에 필요한 원료가 천연가스 또는 프로판가스이기 때문에 도시가스 파이프라인으로 원료를 공급받으면 된다. 연료 전지 발전소는 기존의 화력 발전에 비하여 송전선로가 필요 없고, 송전 손실이나 고전압의 위험도 없으며, 송전선 설치에 따른 주민 갈등이나 오염 물질 배출도 없고, 소음도 없다는 장점이 있다. 또한 투자자의 측면에서 보면 발전소 건설 기간이 기존의 석탄 또는 가스 화력 발전소보다 짧기 때문에 투자한 자금을 일찍 회수할 수 있다는 장점도 있다. 사실상 우리가 바라는 미래의 발전소로 전혀 손색이 없다.

그렇다면 왜 그동안 연료 전지를 발전소로 이용하지 못했을까? 그것은 수소 연료 전지 자동차에서 언급했듯이 연료 전지 스택의 높은 비용과 짧은 수명 때문이다. 하지만 발전소용 연료 전지는 다른 청정에너지와 비교하면 또 다른 장점을 가지는데, 바로 설치 면적이 매우 작다는 것이다. 1MW의 전기 생산에 필요한 연료 전지의 면적은 180㎡, 태양광은 20,000㎡, 풍력은 40,000㎡이다. 단순한 수치만 보아도 연료 전지가 얼마나 효율적인 발전 설비인지 알 수 있다. 현재 발전소용 연료 전지 기초 연구의 선두주자는 미국과 일본이고, 생산과 실용화에서는 우리나라가 가장 앞서 있다고 할 수 있다. 이 분야 또한 미래 에너지 기술의 핵심 영역이기 때문에 우리 모두 필요한 지식을 갖추고 실용화에 따른 보급 확대에 관심을 가져야 한다. 우리가 배터리에 이은 또 다른 에너지 분야 강국이 될 여지가 충분하다.

그리고 고분자 연료 전지의 또 다른 활용 가능성은 바로 가정용 연료 전지라는 새로운 개념의 전기 공급 장치이다. 즉 각 가정에서 필요로 하는 전기를 개별 가정에서 직접 만들어 자급할 수 있

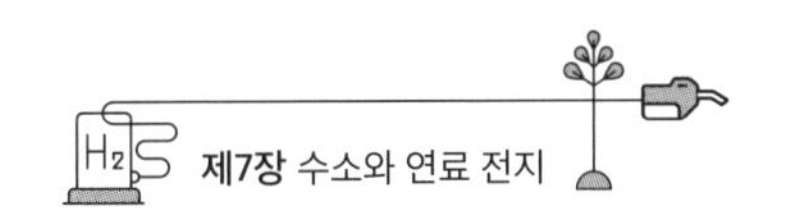

는 소규모 발전소로 이용이 가능하다는 것이다. 대부분의 가정에는 도시가스(주로 메탄가스)가 공급되고 있기 때문에 여기에 개질기(천연가스를 개질하여 수소와 이산화탄소로 바꾸는 장치)가 장착된 연료 전지를 설치하면 도시가스에서 소규모 연료 전지를 통하여 바로 가정에 필요한 전기를 집에서 얻을 수 있는 것이다. 이것이 실현되면 우리는 더 이상 멀리 떨어진 발전소에서 송전탑을 거쳐 도시의 가정이나 상업 지역으로 전기선을 연결할 필요가 없어진다. 다시 말하면 소규모 발전소가 집집마다 설치되는 것이다.

현재 일본에서는 오래전부터 가정용 연료 전지 시범 사업이 진행되면서 오사카를 중심으로 어느 정도 보급이 이루어졌다. 우리나라도 일부 공공시설에 가정용 소규모 연료 전지를 설치하여 시범 운전을 하고 있다. 문제는 아직도 높은 스택 비용(연료 전지의 핵심이 되는 스택의 촉매 비용이 너무 높다)과 짧은 수명이다. 개인적으로 연료 전지의 수명이나 비용 문제는 현재의 연구 수준으로 볼 때 멀지 않은 시기에 해결될 것으로 예상된다.

다만 걱정되는 점은 새로운 에너지 저장 장치에 대한 충분한 지식의 부족으로 나타나는 두려움과 익숙하지 않음이다. 무엇이든지 새로운 공학 제품이 시장에 도입되면 대중의 반응은 호기심과 두려움이 공존하기 때문에(처음 자동차가 도입이 되었을 때 대중의 반응을 기억해보라) 연료 전지의 활용을 확대하기 위해서는 연료 전지와 수소에 대한 합리적이고 객관적인 과학에 기반을 둔 설명과 홍보가 필요하다고 생각한다.

앞서 '발라드파워'가 처음으로 선보인 연료 전지 버스는 상용화 단계까지 도달하지는 못했지만, 20년이 지난 후 현대자동차에서 연료 전지로 구동되는 수소 연료 전지 자동차를 양산하는 단계에 이르면서 수소 연료 전지 시장이 활짝 열리게 되었다. 이제 우리나라는 자동차용 배터리뿐만 아니라 수소 연료 전지 자동차 시장도 선도하게 된 것이다. 연료 전지와 수소는 분명 미래의 에너지원으로 우리에게 다가올 것이다. 그래서 지금이 바로 수소와 연료 전지에 대한 과학적인 이해와 정보가 반드시 필요한 시기이다.

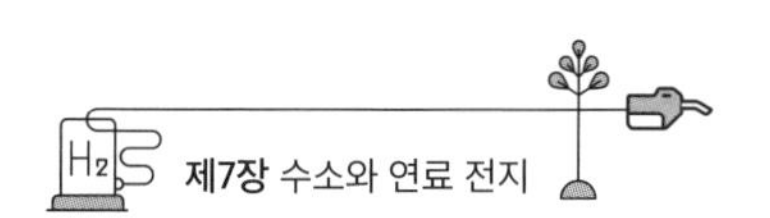

제8장

신재생 에너지의 미래

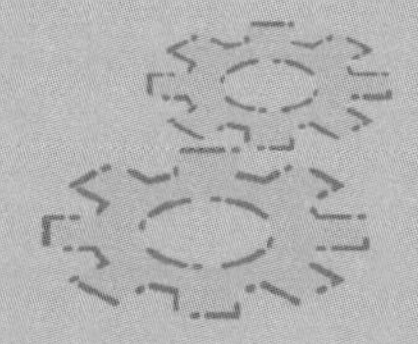

소와 양, 말을 키우는 푸른 목장 한가운데에 멋진 모습의 풍력 발전기가 돌아가고 있고, 가정집 지붕 위에는 파란색의 태양 전기판이 설치되어 있어서 발전소에서 보내주는 전기의 도움 없이 필요한 전기를 자급하는 모습은 어릴 적 만화나 미래 홍보 영화에서 본 장면들이다. 이렇듯 자연에서 에너지를 얻는 모습은 꽤나 목가적이다. 이런 형태의 에너지를 통칭해서 우리는 신재생 에너지라고 부른다. 그러나 사실 자연에서 신재생 에너지를 얻는 일은 생각보다 매우 어렵다.

신재생 에너지라는 용어는 대중에게 오해를 불러일으키는 부분이 있어서 우선 용어부터 정리하려고 한다. 신재생 에너지는 신에너지와 재생 에너지를 합성한 용어이다. 신에너지는 기존의 에너지 생산 방식과는 다른 방식의 에너지 전환 장치로서, 여기에는 석탄 화력 복합 발전인 IGCC, 연료 전지, 수소 에너지가 있다.

재생 에너지는 말 그대로 에너지 생산에 있어서 원료가 되는 것들이 무한정 재생되면서 공급된다는 뜻이다. 대표적인 것으로는 태양 전지, 태양열 발전, 풍력 발전, 소수력 발전, 바이오 에너지, 지열이 있다.

먼저 신에너지의 하나인 석탄 화력 복합 발전을 설명하면, 기존의 석탄 화력 발전의 효율을 높이고, 환경 오염 물질이나 미세 먼지를 줄이는 새로운 개념의 화력 발전이다. 기존의 석탄 화력은 석탄을 연소한 후 그 연소열로 고온의 증기를 얻는 데 반하여 석탄 화력 복합 발전은 먼저 석탄을 수증기와 반응시켜 합성 가스를 만들고 이 가스를 정제한 후, 공기로 연소하여 얻어지는 고온, 고압의 가스를 가스 터빈으로 보내 전기를 얻고, 가스 터빈을 빠져나온 가스는 다시 물과 열 교환하여 고온의 수증기를 얻는다. 이 수증기를 스팀 터빈으로 보내 여기서 또 다시 추가적으로 전기를 얻는 방식이다. 이런 방식으로 화력 발전을 할 경우에 기존의 석탄 화력 발전보다 발전 효율이 10% 정도 높아지고, 석탄을 고온에서 수증기와 반응시켜 생기는 가스를 정제한 후에 연소하기 때문에 미세 먼지나 환영 오염 물질 배출이 크게 감소하게 된다. 그래서 차세대 화력 발전의 대표적 모델이라 할 수 있다.

참고로 2018년 우리나라 태안에 시범적으로 300MW급 IGCC가 준공되어 상업 발전을 하고 있다. IGCC의 높은 효율이나 환경 오염 문제 해결의 장점에도 불구하고 보급이 늦어지는 이유는 고온, 고압 조건에서 석탄과 수증기가 반응하는 가스화 반응기의 비용과 가스 정제에서 소요되는 비용이 기존의 석탄 화력보다 많이 들어가기 때문이다. 두 번째 신기술인 연료 전지와 수소는 앞장에서 이미 설명을 했으므로 여기서는 생략한다.

한편 앞서 언급한 신에너지와 다른 종류의 미래 에너지로는 재생 에너지가 있다. 주로 자연에서 공짜로 얻어지는 햇빛, 바람, 식물이 에너지원이다. 재생 에너지 기술로는 태양 전지, 태양열 온수기, 풍력 발전, 바이오 에너지, 소수력, 조력, 지열 등이 있는데, 여기서는 가장 중요하게 여기는 태양 전지, 풍력, 바이오 에너지만 논하기로 한다.

태양 전지

1901년 스위스 특허국 사무처에서 일하다가 1909년 취리히 공대 교수가 된 알베르트 아인슈타인은 1905년 발표한 '광전 효과'로 1921년 노벨 물리학상을 수상한다. 많은 사람들은 아인슈타인이 특수 상대성 이론이나 일반 상대성 이론으로 대표되는 '상대성 이론'으로 노벨상을 수상한 것으로 생각하지만, 그의 많은 연구 업적 중에서 노벨상으로 인정받은 것은 광전 효과뿐이다. 광전 효과

는 간단하게 이야기하면 빛을 특정한 물질에 쪼이면 그 물질에서 전자가 나올 수 있다는 것으로, 전자의 흐름인 전기를 얻을 수 있다는 것이다. 상대성 이론은 우주를 연구하는 물리학자들에게는 영감을 주고, 우주의 기원을 연구하는 데 도움을 주었지만, 사실 물리에 깊은 이해가 없는 일반인들에게는 아무런 의미가 없는 이론일지 모른다. 오히려 태양빛에서 전기를 얻을 수 있다는 광전 효과 발견이 우리 삶에 보다 편리함을 가져온 반가운 물리적 업적일지도 모른다.

우리가 공상 과학 영화를 보면, 우주에서 지구를 순회하는 우주선에 넓은 판 모양의 태양 전지가 설치된 것을 볼 수 있다. 우주선이 지구와 교신하기 위해서는 송신에 필요한 전기가 필요한데, 이 전기를 지구 밖에서 얻는 방법은 태양빛을 이용하여 전기를 만드는 태양 전지가 가장 효율적이다. 태양 전지는 1960년대 미국의 아폴로 우주선 프로그램에서부터 사용되기 시작했다. 그 기원을 살펴보면, 앞서 언급한 아인슈타인의 '광전 효과'에서 시작되었다. 그리하여 이 '광전 효과'를 이용할 수 있는 다양한 연구 끝에 지금의 태양 전지가 개발된 것이다. 태양 전지는 지금은 많이 보급되었지만, 과거에는 특수 용도를 위한 에너지 공급 장치였다. 즉 비용에 대한 경제성 판단 없이 전기가 필요한 우주 공간에서의 우주선에서나 사용되었다. 이후 가정용이나 산업용으로 활용하기 위한 연구가 진행되면서 폴리실리콘으로 대표되는 태양 전지가 개발되었다.

태양 전지는 구조가 간단하고, 설치나 유지 보수가 쉽고, 규모를 늘리거나 줄이기도 쉬워서, 소비자들이 가장 많이 선택하는 재생 에너지 설비이다. 태양 전지의 구조는 간단하지만, 그것을 만드는 과정은 그렇게 간단하지 않다. 태양 전지 제조 과정은 소위 말하는 가치 사슬로 매우 복잡하게 연결되어 있다. 즉 원료에서 최종 제품까지 다양한 기술을 사용하는 기업들의 연쇄적인 공급에 의존하는 대표적인 공학 제품이다.

일반적으로 우리가 주로 보고 있는 태양 전지의 원료는 폴리실리콘이다. 폴리실리콘의 원료는 바로 모래로 불리는 규산으로 매우 흔하고 값싸게 얻을 수 있는 소재이다. 그런데 이 소재를 태양 전지로 활용하기 위해서는 많은 공정이 필요하다. 태양 전지의 효율(태양빛을 전기로 바꾸는 비율)을 높이기 위해서 우선 규산 또는 실리카라 불리는 모래를 순수한 실리카로 정제해야 한다. 그런데 이 과정이 꽤나 만만치 않다. 실리카에 붙은 산소를 떼어내야만 순수한 실리카를 얻을 수 있는데, 고순도의 결정형 실리콘을 얻기 어려운 이유는 유독 가스를 이용하는 고온의 연속적인 화학 반응이 필요하기 때문이다. 즉 약 1,100°C 이상의 높은 온도와 환원에 쓰이는 수소, 그 외에 다루기 어려운 염소나 불소 가스를 사용해야 하는 어려움이 있다. 그래서 이 기술은 소수의 기업에서만 가능하고

대표적인 기술은 독일 지멘스의 고온 증착 반응기 공정이다. 그런데 실리카의 환원 과정에 대표적으로 사용되는 지멘스 공법의 단점은 1,100°C의 높은 온도가 유지되어야 하고, 이를 위한 열은 오직 전기로만 공급해야 한다는 것이다. 앞서 언급했듯이 전기 에너지와 열에너지의 질적인 차이를 설명했기 때문에 전기 에너지로 반응기의 온도를 1,100°C로 유지하는 것이 얼마나 비효율적인지는 여러분도 잘 인식하고 있을 것이다. 그럼에도 불구하고 폴리실리콘 태양 전지의 여러 장점으로 인하여 이 공법이 현재 태양 전지용 폴리실리콘을 만드는 데 가장 많이 사용되고 있다.

태양 전지는 연료 전지와 마찬가지로 필요한 출력에 따라 설치 면적을 자유자재로 바꿀 수 있기 때문에 가정집 지붕에 설치하는 소형 태양 전지부터 미국 애리조나의 사막에 설치한 대규모 발전 설비까지 가능하다는 장점이 있다. 그리고 모듈로 생산되기 때문에 설치가 간단하고, 유지 보수도 쉬우며 풍력 발전과는 달리 설치하려는 지역 선정에도 큰 어려움이 없다는 것 또한 장점이다. 하지만 풍력 발전에 비해 전력 생산에 필요한 비용이 많이 들고, 시간이 갈수록 효율이 떨어지며, 설치에 필요한 토지 면적이 크다는 단점이 있다. 최근에 태양 전지에 대한 연구와 개발로 전력 생산 비용이 지속적으로 떨어지고는 있지만 풍력 발전보다 높은 발전 비용은 아직 해결해야 할 과제로 남아 있다. 특히 인구 밀도가 높아서 토지의 효율성이 중요시되는 지역에는 설치가 어렵다는 것도 단점이다. 하지만 태양 전지가 재생 에너지 중에서 가장 많이 연구가 되고 있는 이유는 효율 향상과 비용 절감의 여지가 매우 많다는 데 있다. 우선 기존의 실리콘 태양 전지처럼 높은 효율을 유지하면서 가격은 저렴한 새로운 태양 전지 소재들이 계속적으로 연구되고 있다. 여기서 모든 새로운 소재들에 대해 자세하게 설명할 수는 없지만, 대표적으로 박막 태양 전지와 페로브스카이트 태양 전지에 대해서만 소개하고자 한다.

1세대 태양 전지인 폴리실리콘의 높은 가격 문제를 해결하기 위한 시도로 카드뮴/텔루라이드, 또는 구리/인듐/갈륨/셀레나이드로 대표되는 2세대 태양 전지가 개발되었다. 이 화합물 반도체로 만든 태양 전지는 낮은 가격과 공정 유연성이라는 장점을 가지고 있다. 그리고 최근에 1, 2세대 태양 전지의 단점을 모두 극복할 수 있는 3세대 태양 전지가 연구되고 있는데, 대표적인 것이 바로 페로브스카이트 태양 전지이다.

페로브스카이트 태양 전지가 주목을 받는 이유는 실리콘 태양 전지에 비하여 효율은 다소 떨어지지만 소재가 싸고 생산 공정이 단순하기 때문에 생산 비용이 매우 저렴하다는 데 있다. 흥미로운 사실은 우리나라가 이 기술에서 가장 높은 효율을 보이는 태양 전지를 개발하고 있다는 것이다. 현재 성균관대, 울산과기원, 화학연

구소에서 경쟁적으로 세계 최고 효율의 페로브스카이트 태양 전지를 개발하고 있다. 이렇듯 태양 전지는 소재와 제조 공정에서 혁신적이고 창의적인 방법이 지속적으로 이루어지고 있는 매우 역동적인 신재생 에너지 분야이다.

마지막으로 태양 전지는 태양 전지 모듈을 설치했다고 바로 우리가 그 전기를 사용할 수 있는 것은 아니다. 태양 전지에서 얻어지는 전기는 직류이고, 태양 복사 강도에 따라 출력이 변하기 때문에 발전소의 송전 선로인 계통선과 연결하기 위해서는 직류를 교류로 바꾸는 인버터, 그리고 전압 및 주파수를 조절하는 제어 장치가 추가로 필요하다. 이런 보조적인 설비가 적절하게 연결되어야 우리가 사용할 수 있는 전기를 비로소 얻게 되는 것이다.

태양 전지는 소재와 제조 공정의 연구 개발을 통해 효율의 향상과 낮은 가격이라는 두 마리 토끼를 동시에 추구하려는 에너지원이다. 또한 태양 전지는 '학습 곡선'이라는 공학적 기술 진보의 과정을 가장 잘 보여주는 에너지원으로 가장 급격하게 전기 생산 비용을 감축한 대표적인 에너지원으로도 주목받아 왔다. 그래서 태양 전지는 뒤에 언급할 풍력과 함께 그리드 패리티(Grid parity; 화력 발전소에서 송전을 거쳐서 소비자에게 공급되는 계통선 전기의 요금과 재생에너지의 발전 비용이 같아지는 상태)에 가장 가깝게 접근한 기술이고, 그 미래 또한 밝다고 할 수 있다.

풍력 발전

고등학교 때 제임스 딘이 출연한 영화 《자이언트》를 감명 깊게 보았던 기억이 있다. 당시 주인공 역을 맡은 제임스 딘은 젊은이들의 우상이었다. 반항적인 모습으로 팬들에게 강력한 인상을 준 그는 단지 3편의 영화에만 출연했고 24세의 젊은 나이에 자동차 사고로 아깝게 사망했다. 영화는 1920년대 텍사스 지역의 유전 개발을 둘러싼 인간의 욕망을 다룬 비극적인 이야기지만, 그때 영화에서 가장 감명 깊게 본 장면은 넓은 초원에서 쓸쓸히 돌아가는 풍차였다. 텍사스처럼 넓은 목장을 가진 지역에서 말과 소를 키우기 위해서는 초원 한가운데에 우물을 파서 동물들에게 필요한 물을 공급해야만 했다. 우물에서 물을 길어 올리기 위해서는 전기로 작동되는 펌프가 필요했는데, 그 펌프를 돌리는 데 필요한 전기는 목장에 설치한 풍력 발전기에서 얻고 있었다. 텍사스처럼 인구가 적고, 넓은 지역에 흩어져 살고 있는 사람들에게 인근의 화력 발전소에서 송전선을 연결하여 전기를 공급하기에는 비용이 많이 들었기 때문이다.

실제로 외딴 지역이나 섬, 고산 지대에 우리가 사용하는 전기 계통선을 연결하여 전기를 공급하는 것은 비경제적이다. 외딴 곳은 전기를 사용하는 인구가 적고, 송전선 설치 비용은 크기 때문이다. 그래서 이런 지역은 경유를 연료로 사용하여 전기를 얻는 발전기를 사용하거나 태양 전지, 풍력 발전기를 설치한다. 그리고 풍력 발전기나 태양 전지는 외부의 연료 공급 없이 자체적으로 전기를 생산하기 때문에 독립형 적용(standalone application)이라고 부른다. 외부의 도움 없이 스스로 전기를 생산하기 때문이다. 한편 발전기를 사용할 경우에는 발전기에 필요한 경유의 공급이 반드시 필요하다. 그래서 과거 섬에 설치되었던 비상용 발전기는 이제 태양 전지와 풍력 발전기로 대체되고 있다. 기상악화로 섬이나 고산 지대에 발전기의 원료인 경유가 공급되지 못하면 전기를 생산할 수 없기 때문이다.

풍력 발전기는 현재 유럽과 중국, 미국에서 가장 활발하게 설치되고 있으며, 그리드 패리티에 가장 먼저 도달한 재생 에너지원이다. 풍력 발전은 크게 해상 풍력과 육상 풍력으로 나누어진다. 즉 바다에 풍력 발전기를 설치해서 전기를 얻으면 해상 풍력 발전이고, 그렇지 않으면 육상 풍력 발전이다. 해상 풍력 발전이 현재 주도적으로 발전하고 있는 이유는 간단하다. 우선 지상에 설치된 풍력 발전기는 주변 풍광을 해치고, 소음이 크고, 조류들의 충돌로 인한 죽음으로 극심한 반대에 부딪치고 있기 때문이다. 이런 문제점을 해결하는 방법으로 해상 풍력이 대두하게 된 것이다. 게다가 해상 풍력의 또 다른 장점은 육상 풍력보다 바람의 세기와 연속성이 좋다는 것이다.

물론 해상 풍력의 단점 또한 존재한다. 무엇보다도 해상에 풍력 발전기를 설치하는 것은 기술적으로 어렵고, 비용도 많이 든다. 그리고 해상 풍력 발전기에서 얻은 전기를 해저 케이블을 이용하여 육지로 송전해야 하는 추가적인 어려움이 있다. 마지막으로 수리나 정비가 필요한 경우에도 육상 풍력보다는 비용이 많이 들고, 작업의 어려움도 있다. 그럼에도 불구하고 풍력 발전의 효율을 생각하면 해상 풍력이 더 나은 선택이기 때문에 해상 풍력 발전이 미래의 풍력 발전의 대표적인 모습이 될 것이다. 최근 우리나라에서도 새만금 방조제에 대규모 해상 풍력 발전 단지를 건설한다는 발표가 있었다. 이제 우리나라도 대규모 해상 풍력 발전 시대에 돌입하게 된 것이다. 따라서 우리는 지금 풍력 발전에 관한 기본적인 지식이 필요하다.

직관적으로 생각해서 풍력 발전은 바람의 세기가 강한 장소가 유리할 것 같지만, 실상은 좀 다르다. 풍력 발전에서 만들어지는 전기는 날개 회전에서 얻은 전기로 기존의 계통선과 연계가 되려면 220V, 60Hz의 정격 전압에 맞아야 한다. 따라서 너무 약한 바람이나 너무 강한 바람은 적합하지 않다. 풍력 발전에 적합한 바람은 대략 초속 6~9m이고, 이때 에너지 전환계수(풍력 에너지가 전기 에너지로 전환되는 비율)는 대략 0.4 정도이다.

풍력 발전은 규모의 경제 원리에 잘 어울린다. 풍력 발전기는 크게 날개(블레이드)와 기관실, 중심탑으로 구성된다. 날개는 바람에 따라 회전하는 회전체이고, 기관실은 날개의 회전에서 얻은 전기를 전력 계통선에 적합한 전기로 바꾸는 설비이고, 내부에는 기어, 제너레이터, 전압 조절기가 있다. 그리고 중심탑은 날개와 기관실을 지탱하는 높다란 수직 구조물이다. 풍력 발전의 유체 역학적 연구로부터 날개의 크기가 2배로 증가할수록 풍력 발전의 출력은 4배로 증가한다는 사실이 알려졌다. 그래서 대부분의 풍력 발전기 제조사는 너도나도 풍력 발전기의 크기 경쟁에 사활을 걸고 있다.

현재 가장 큰 풍력 발전은 2021년 미국 제너럴 일렉트릭에서 제작한 것으로, 날개 길이는 107m, 날개를 포함하는 중심탑 높이는 250m이고 출력은 14MW이다. 대략 306m의 에펠탑에 근접하는 높이가 된다. 우리는 이미 수백 미터 이상의 높은 빌딩들을 보아왔기 때문에 그런 높이의 구조물의 안전에 대해서는 걱정하지 않는다. 하지만 풍력 발전기는 수십 톤에 달하는 회전 날개와 수백 톤에 달하는 기관실을 공중에 매달고 있는 형국이라 일반적인 빌딩의 구조물과는 전혀 다른 상황이다. 게다가 해상 풍력 발전의 경우에 이런 거대한 구조물을 바다에 설치해야 한다는 것이 보통 어려운 공학적 난제가 아닐 수 없다.

이처럼 신재생 에너지로 전기를 얻기 위해 우리가 어떤 위험한 공학적 노력을 하고 있는지 한 번쯤 생각해 볼 필요가 있다. 이만큼 우리는 신재생 에너지에서 전기를 얻기 위해 온갖 어려움을 헤쳐 나가고 있는 중이다. 앞서 언급한 제너럴 일렉트릭의 초대형 풍력 발전기에서 얻는 전기는 14MW이다. 이것은 현재 석탄 화력 발전소의 표준 출력 단위인 500MW의 3% 수준이다. 그러면 석탄 화력 발전이 얼마나 공간 집약적이고, 효율적이고, 저렴하게 전기를 만들어내는지 대충 감이 올 것이다. 백문이 불여일견이라고, 기회가 되면 제주도의 풍력 발전기를 한번 구경하기 바란다. 그곳 풍력 발전 발전기의 전기 출력은 대략 1MW 남짓한 규모이다. 그런 풍력 발전기 500개를 설치해야만 석탄 화력 발전소 하나와 맞먹는 전기를 얻을 수 있는 셈이다. 다시 말하지만, 신재생 에너지에서 전기를 얻는 일은 대단히 어려운 일이다.

풍력 발전은 신재생 에너지 중에서 가장 먼저 그리드 패리티에 도달한 기술이고, 유럽과 중국, 미국에서 잘 활용되고 있다. 특히 유럽의 북해와 지중해는 초속 9m의 평균 바람을 가지고 있기 때문에 많이 보급되어 있다. 주요 생산 업체는 덴마크와 독일, 미국 기업이다. 처음 풍력 발전에 대한 연구 개발은 주로 풍력 발전기의 대형화에 치중을 해 왔지만, 이제는 핵심 부품인 블레이드(날개), 발전기, 증속기(날개의 회전 속도 조절), 변압기에 중점을 두고 있다. 우리나라에서는 제주도와 대관령에서 오랫동안 시범적으로 운영을

해 왔고, 조만간 새만금 간척지에 100MW급의 풍력 단지를 조성할 예정이다.

풍력 발전은 태양 전지와 함께 신재생 에너지를 이끄는 쌍두마차이다. 풍력은 태양 전지와는 다르게 초기 투자비가 많이 소요되기 때문에 태양 전지처럼 일반인까지 보급을 확대하기는 어렵다. 하지만 신재생 에너지의 대표적인 기술로서 화석 연료뿐만 아니라 신재생 에너지 자원 또한 부족한 우리로서는 관심을 가질 수밖에 없다.

바이오 에너지

2015년에 출간되어 단숨에 베스트셀러에 오른 역사학자 유발 하라리의 명저 『사피엔스』를 보면 농업 혁명을 인류 최대의 사기극이라고 했다. 하지만 사기극이든 아니든, 인류가 수렵 사회에서 농업 사회로 전환되면서 필요한 식량을 안정적으로 확보했다는 것은 사실이다. 비록 그 과정이 과거 수렵 사회보다 고되고, 힘겨운 생활을 살아가야 했다는 점은 인정이 되지만 말이다.

인간이라는 종의 가장 기본적인 본능은 생존과 번식이다. 그 중에서도 생존의 기본이 되는 것은 식량이다. 현재 우리가 가장 많이 소비하는 곡물은 쌀, 밀, 옥수수이다. 에너지를 논하다가 갑자기 우리가 먹는 곡물에 대한 이야기가 나오니 의아해 하실 분도 계시겠지만 우리가 먹는 곡물 대부분이 연료용 에너지로 전환될 수 있다. 이런 식물 자원(바이오매스)에서 얻어지는 에너지를 바이오 에너지라고 부른다. 바이오 에너지는 오랜 옛날부터 사용해 왔으며, 나무, 풀, 농작물 찌꺼기, 동물 배설물, 해양 조류가 대표적인 바이오 에너지의 원료가 되고 있다. 이것들을 화학적으로 전환하면 우리가 유용하게 쓸 수 있는 에너지가 된다. 하지만 곡물은 에너지로 사용하기보다는 식량으로 사용하는 것이 보다 가치 있게 사용하는 방법일 것이다. 그렇지만 에너지 위기는 이런 기본적인 상식을 종종 벗어나게 한다.

오래전부터 여러 나라에서 자연에서 얻어지는 바이오매스를 이용하여 에너지로 사용해 왔지만, 본격적인 의미의 바이오 에너지는 1973년 제1차 오일 쇼크와 1978년 제2차 오일 쇼크 후부터 전 세계적으로 시작된 대체 에너지 기술 개발의 한 영역이다. 대표적인 것이 바로 바이오 에탄올이다.

에탄올은 우리에게 너무나도 친숙한 물질이다. 바로 술의 주성분이기 때문이다. 에탄올은 우리가 술이라는 형태로 마시면서 다양한 모습의 에너지를 얻기도 하지만 연료로서도 훌륭한 자원이다. 가장 잘 알려진 바이오 에탄올의 원료는 사탕수수와 옥수수이다.

우선 사탕수수나 옥수수는 당으로의 전환이 아주 용이하기 때문에 발효를 통해서 쉽게 에탄올을 얻을 수 있다. 에탄올은 가솔린과 혼합해서 사용해도 큰 문제가 없는 매우 우수한 가솔린 대체 연료이다. 그런데 사탕수수는 큰 문제가 없는 반면, 옥수수는 식량이나 동물 사료로 사용되는 중요한 곡물이기 때문에 이런 작물을 연료로 전환하는 데 따른 여러 사회적 문제들이 발생하게 되었다.

특히 미국은 대표적인 옥수수 생산국으로 잉여 옥수수는 아프리카에 식량으로 원조를 해 왔는데, 에너지 위기 이후에는 식량이 부족한 나라에 원조를 하는 대신 에탄올로 전환하여 자동차 연료로 사용하고 있기 때문이다. 미국이 부족한 가솔린 공급 문제를 해결하고자 옥수수에서 에탄올을 생산하는 농가를 본격적으로 지원하면서, 옥수수와 대두 가격이 급등하게 되었다. 이것이 세계적인 곡물 가격 상승을 가져오는 부정적인 효과를 가져왔다. 이런 문제점을 해결하고자 옥수수 대신 나무와 같은 목질재 작물을 이용하여 에탄올을 생산하려는 연구가 시작되었으나 목질계 바이오매스 대부분을 차지하는 셀룰로오스가 목질계 바이오매스가 당으로 전환하는 데 방해가 되기 때문에 옥수수보다는 에탄올 생산 비용이 높아지게 되었다. 그래서 미국은 자국의 이익을 위하여 옥수수에서 에탄올 생산을 하는 데 집중하고 있는 것이다. 이와 달리 브라질에서는 사탕수수에서 에탄올 생산을 하고 있지만 전 세계 설탕 수급에 큰 영향을 미치지 않으면서 가솔린과 혼합하여 대체 연료로 잘 사용하고 있다.

에탄올보다는 활용 역사는 짧지만 최근에 관심을 받고 있는 또 다른 대체 자동차 연료인 바이오디젤에 대하여 알아보자. 유럽을 여행하다 보면 알겠지만, 유럽은 미국이나 아시아에 비하여 대부분의 승용차가 디젤 차량이다. 그리고 차의 크기도 작고, 기어도 대부분 수동이다. 이는 유럽의 도로(돌로 만들어졌고, 골목길과 언덕이 많다) 특성에 맞는 차량 선택이다. 그래서 미국과는 달리 유럽은 디젤 대체 연료에 관심이 크다. 그런 이유로 바이오디젤이라는 디젤 대체 연료는 주로 유럽에서 연구되었다. 디젤은 가솔린에 혼합할 수 있는 에탄올처럼 발효를 해서 얻는 것이 아니라 간단한 화학 반응으로 얻어진다. 바이오디젤의 원료는 쓰고 난 폐식용유, 유채, 해바라기처럼 지방산을 함유한 식물에서 지방산을 추출하여 얻어진다. 이 지방산을 알코올과 반응시키면 에스터 또는 에스테르라는 화합물이 얻어지는데 이것이 바로 바이오디젤이라고 한다. 이것은 기존의 디젤 차량에도 그대로 연료로 사용할 수 있다. 다만 바이오디젤의 원료가 되는 식물의 채집과 운송, 폐식용유의 수집과 운송이 불편하기 때문에 폭발적인 성장을 가져오지는 못했지만 우리가 대체 연료를 이산화탄소의 배출 없는 바이오매스에서 충분히 얻을 수 있다는 장점은 분명히 있다. 바이오매스는 성장 과정에서 대

기의 이산화탄소를 흡수하고 에너지로 사용할 때는 흡수한 이산화탄소만큼 방출하기 때문에 순 이산화탄소 배출은 0이 된다. 그래서 '탄소 중립'이라고 한다.

마지막으로 에너지 작물(energy crop)을 소개하고자 한다. 대부분의 바이오매스의 원료가 되는 곡물이나 작물은 땅에서 재배가 된다. 따라서 땅의 활용도를 높이기 위해서는 경제성 있는 작물을 재배하는 것이 당연하다. 그런데 땅의 상태가 작물의 재배에 어려운 상황이라면(경사진 땅, 건조한 땅, 추운 지역의 땅, 더운 지역의 땅, 염분이 많은 땅) 아무도 작물을 키우려고 하지 않을 것이다. 그런데 다행스럽게도 이런 열악한 환경의 땅에서도 잘 자라는 작물들이 있다. 이런 작물들을 대량으로 재배하면 곡물이나 작물 재배에 적합하지 않은 땅에서도 바이오매스의 원료가 되는 작물을 충분히 얻을 수 있게 된다. 이런 작물들을 에너지 작물이라고 한다. 그리고 앞서 언급한 옥수수, 사탕수수처럼 에너지 작물이 성장하는 과정에서 이산화탄소를 흡수하기 때문에 탄소 중립이라는 과실 또한 얻을 수 있게 된다. 그야말로 꿩 먹고 알 먹기다. 이런 에너지 작물의 대표적인 것으로는 억새가 있다.

에너지 작물은 현재 미국과 유럽에서 많이 재배되고 있다. 그런데 여기서 문제점은 넓은 토지에 한 가지 작물만을 재배할 경우 식물의 다양성 측면에서 생태계를 위협하는 어떤 일이 발생할지도 모른다는 것이다. 그리고 한 가지 작물만 성장하기 때문에 특정한 해충에 의하여 수확이 급격히 감소할 수 있다는 위험 또한 존재한다. 하지만 저개발 국가에서 특별한 재원이 없어 화석 연료나 신재생 에너지에서 필요한 에너지를 얻지 못하는 상황이라면 이런 에너지 작물은 큰 도움이 될 것이다.

전력 저장 장치

전력 저장 장치는 말 그대로 잉여 전기를 대규모의 배터리에 임시로 저장하는 장치이다. 그래서 전력 저장 장치가 없으면 신재생 에너지에서 얻는 전기는 실상 빛 좋은 개살구다. 신재생 에너지에서 얻는 잉여 전기를 저장하지 못하면 필요한 시기에 필요한 전기를 공급하지 못하게 되기 때문에 신재생 에너지원은 절름발이 신세의 발전 설비가 된다. 그래서 전력 저장 장치는 신재생 에너지의 장점을 100% 활용하는 데 필수적인 설비이다. 물론 전력 저장 장치가 아니더라도 신재생 에너지에서 얻은 잉여 전기를 저장하는 방법은 여러 가지가 있다. 과거에는 양수 발전이 대표적인 에너지 저장 장치였지만 환경 파괴 문제와 지형적 제약 조건 때문에 에너지 저장 설비로서의 한계가 있었다.

또 다른 에너지 저장 장치로는 수소와 연료 전지 시스템이 있다. 수소와 연료 전지 시스템은 신재생 에너지에서 얻은 전기로 물을 전기 분해해서 수소를 분리한 후 저장하였다가 전기가 필요한 시간에 연료 전지에 수소를 공급하여 전기를 생산하는 것이다. 이런 목적을 위해서는 물 분해 장치와 연료 전지가 필요하다. 이에 비하여 전력 저장 장치는 배터리로 구성되어 있기 때문에 수소/연료 전지 시스템에 비하여 설비가 매우 간단하다는 장점이 있다.

전력 저장 장치는 배터리와 교류/직류를 변환하는 전력 변환 장치, 그리고 전력 관리 시스템으로 구성되어 있다. 이 전력 저장 장치는 신재생 에너지에서 생산되는 잉여 전기의 저장뿐만 아니라 건물 비상 전원, 그리고 전력 피크 발생 때 수급 조절용으로도 활용이 가능하다. 전력 저장 장치는 현재 미국, 중국, 호주, 인도에서 급성장하고 있다. 모두 에너지 소비가 많은 나라들이다. 유럽 또한 러시아의 가스 공급 불확실성 때문에 신재생 에너지 개발에 주력하면서 필수적으로 전력 저장 장치의 수요도 증가하는 실정이다.

전력 저장 장치의 핵심은 당연히 배터리이다. 지금까지는 에너지 밀도가 높고 가벼운 리튬 이온 배터리가 주류였지만, 최근 몇 번의 화재가 발생했고, 가격도 상승했기 때문에 비록 에너지 밀도는 떨어지기는 하지만 상대적으로 저렴하고, 화재 위험성이 낮은 리튬 인산철 배터리가 주목받고 있다. 어쨌든 전력 저장 장치는 신재생 에너지의 활용도 확대, 안정적인 전력 공급이라는 두 가지 목표를 달성하는 데 안성맞춤인 에너지 설비이다. 다만 앞선 전기 자동차와 마찬가지로 전력 저장 장치에서 배터리 비용과 부피가 차지하는 비중이 매우 크다는 점, 화재 같은 시스템 안전성 확보가 시급한 점이 보급 확대를 위해 반드시 해결될 문제이다.

과거에는 보지 못했던 이런 새로운 에너지 기술은 화석 연료 시대를 끝내고, 새로운 신재생 에너지 시대로 진입하는 데 필요한 조건들을 만족시키는 출발점이다. 비록 기대했던 만큼 급속하게 확대되지는 못하고 있지만, 이런 추세가 가속되면 결국 우리는 새로운 에너지 시대를 맞게 될 것이다.

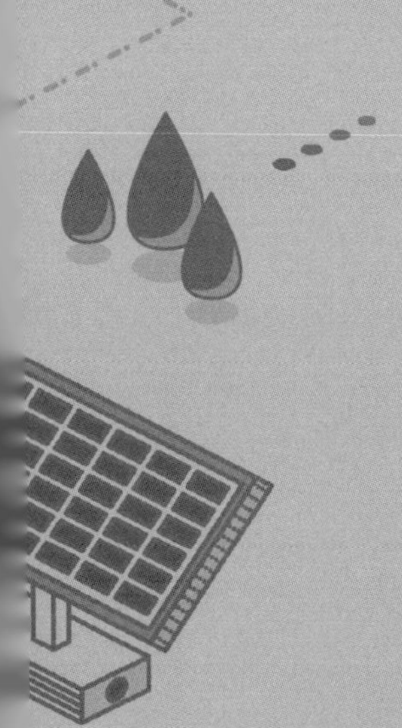

제9장

미래의 에너지

IT 업계의 거장 빌 게이츠가 가장 신뢰한다는 에너지 전문가 바츨라프 스밀 교수에 따르면, 2000년대 전 세계 석탄 소비량은 1800년대 석탄 소비량의 1,500배 정도가 된다고 한다. 단 200년 동안 석탄 사용량이 무려 1,500배나 엄청나게 증가했다. 게다가 이 수치는 산업 혁명 당시에는 석유와 천연가스가 발견되지 않았기 때문에 단순히 석탄의 소비량 증가만 비교한 것이다. 이런 통계를 통해서 인류 문명이 화석 연료 사용으로 폭발적으로 발전한 것은 분명하다는 점을 알 수 있다. 특히 산업 혁명의 출발점이 되었던 증기 기관의 발명은 동력이라는 새로운 형태의 에너지를 우리 일상에 도입함으로써 대량 생산과 함께 엄청난 생활의 편리함을 가져다주었다.

가정에서 사용하는 대표적 가전제품인 냉장고, 세탁기의 등장은 매일매일 장을 보아야 하는 불편함과 빨래를 해야 하는 단순 반복적 노동에서 여성을 해방시켰고, 여성이 자신의 능력에 맞는 일을 찾아서 사회적 가치를 실현하는 데 큰 기여를 하였다. 그리고 에어컨이나 난방기는 외부의 극심한 추위나 더위와 같은 불편한 기후 조건에서도 능력을 발휘할 수 있는 쾌적한 환경을 만드는 데 엄청난 기여를 하였다. 또한 전구 발명은 많은 사람들을 어둠의 불편에서 벗어나게 했으며, 해가 떨어진 시간에도 자신이 좋아하는 일을 늦게까지 할 수 있도록 활동 시간을 연장해 주었다.

하지만 동시에 전구의 발명은 점차 수면 부족과 과도한 경쟁, 노동 시간 연장이라는 부정적 결과 또한 가져왔다. 한편 농촌에서는 점차 다양한 동력을 사용하는 농기구를 사용하게 되면서 노동 인구의 감소를 가져왔다. 이리하여 농촌의 잉여 노동력이 도시로 유입되면서 도시에서 대량 생산 및 대량 소비 시스템을 갖추게 된 것 또한 동력의 발명에 힘입은 것이다. 또한 전기 모터나 발전기의 발명으로 산업에서 대량 생산이 가능해짐에 따라 값싼 공산품을 사용할 수 있게 되면서 삶의 질이 향상되었다.

그리고 공장에서 상품을 만드는 생산 과정에서 동력 사용은 엄청난 생산 증가를 가져왔다. 결국 우리가 지금 누리고 있는 대부분의 편리함이나 풍요로운 삶의 질은 바로 석탄, 석유, 천연가스로 대표되는 화석 연료 덕분이다. 화석 연료의 채굴, 수송, 활용은 대량 생산과 대량 소비 그리고 그에 따른 공학적 기술 진보로 이어졌으며, 과거와는 상상할 수 없을 정도로 상품 가격이 내려간 것은 화석 연료를 우리에게 제공한 공학자들의 노력 덕분이다. 우리가 즐겨 마시는 코카콜라 1.5리터의 가격이 대략 2,000원 정도로 1리터당 1,300원 정도이다. 따라서 2021년 가솔린과 디젤의 평균값과 거의 비슷한 가격이 된다(최근 전쟁과 에너지 수급의 어려움으로 다시 가격이 다소 올랐다). 즉 화석 연료 중 가장 비싼 연료인 가솔린과 디젤 가격이 탄산음료와 같은 가격을 갖게 되는 것이다. 탄산음료를 만드는 과정과 가솔린이 만들어지기까지의 과정을 생각하면 우리가 얼마나 낮은 가격에 화석 연료를 공급받는지 알 수 있을 것이다. 화석 연료의 탐사, 채굴, 그리고 수송과 사용에 있어서의 공학적 기술의 놀라운 진보 덕분에 낮은 가격의 화석 연료가 가능해진 것이다. 그 덕분에 우리는 가격 부담 없이 마음껏 에너지를 사용할 수 있게 되었지만 이런 저가의 화석 에너지 때문에 '화석 연료 중독'이라는 중병에 걸리게 된 것이다.

화석 연료에서 신재생 에너지로의 전환

최근에 지구 온난화에 따른 기후 변화(빌 게이츠는 '기후 재앙'이라고 표현한다)로 인하여 화석 연료를 줄이려는 노력이 세계적인 공감대를 형성하면서 다양한 협약이나 선언으로 이어지고 있다. 특히 지구의 온도가 지금보다 1.5°C 이상 증가하면 파멸적인 기후 변화를 가져올 것이라는 IPCC 주장에 따라 석탄 화력 발전소의 조기 폐지와 전기 자동차의 빠른 성장이 가시화되고 있다. 여기서 IPCC(Intergovernmental Panel on Climate Change)란 '기후 변화에 관한 정부 간 협의체'의 약자이며, 기후 변화에 관한 보고서를 발행하는 것이 주요 임무이다. 전 세계 기후 관련 전문가들의 기후 관련 협의와 토론으로 나온 보고서이기에 IPCC가 발표하는 내용은 신뢰성이 높다. 하지만 이런 노력에도 불구하고, 화석 연료에서 신재생 에너지로의 전환은 빠르게 이루어지지 못하고 있다.

화석 연료를 바탕으로 해온 우리의 에너지 공급 시스템을 하루아침에 신재생 에너지로 바꾸기는 어렵다. 우선 화석 연료를 바탕으로 하는 기존의 에너지 공급 시스템은 전력 생산, 공급, 물류 등 그동안 우리가 겪어온 상황들을 경험삼아 웬만한 변동에도 잘 관리되고 있기 때문에, 신뢰할 수 있는 관리 체계를 가지고 있다고 할 수 있다. 예를 들면 화력 발전은 예상되는 수요와 이에 따른 공급이 완벽하게 잘 관리되고 있다.

하지만 새로운 전기 공급 시스템인 풍력과 태양광 설비는 생산되는 전기량 변동이 심하고, 외부 변동을 어떻게 관리해야 하는지에 대한 축적된 경험이 적다. 또한 우리의 화석 연료 기반의 에너지 시스템은 장기간 엄청난 투자로 이루어진 것이기 때문에 단기간에 이 모든 시설을 폐기할 수는 없다(이것을 매몰 비용이라고 한다). 유전 설비, 정유 설비, 주유 시설, 화석 연료 수송에 적합한 물류 시스템 등 투자된 금액을 생각하면 쉽게 폐기할 수 없다는 뜻이다. 게다가 대규모 화석 연료 시스템에는 경제적으로 연관된 사람들이 많다. 즉 자금을 빌려준 금융 기관, 투자한 금융 기업의 직원, 해당 주식을 가지고 있는 투자자, 시설을 운영하는 직원 등 경제적 이익이나 일자리에 매달린 사람이 매우 많다는 것이다. 게다가 전기 자동차나 태양광, 풍력은 단지 지구 온난화를 방지하는 전기 생산에만 관여한다.

그런데 우리 삶에 필요한 비료, 시멘트, 철강, 플라스틱은 전기가 아닌 화석 연료를 사용하기 때문에 이것들을 석탄이나, 석유, 천연가스 없이 어떻게 만들 것인가 하는 문제가 발생한다. 마지막으로 전기 자동차, 태양광, 풍력은 모두 OECD 국가에서나 가능한 일이다. 저개발 국가(현재 전 세계 인구의 80%)에서 국민들의 삶의 질을 향상시키기 위해서는 전기, 식수, 교통, 보건 등 사회 인프라 건설과 운영을 값싼 화석 연료에 의지할 수밖에 없다. 당장 내일 필요한 식량과 물이 없는 상황에서 지구 기온이 올라가는 것을 걱정할 정도로 한가하지 않다는 뜻이다.

비록 신재생 에너지로의 전환이 시급하기는 하지만, 현실적으로 우리 희망대로 전 세계의 모든 자원과 노력이 신재생 에너지로의 급속한 전환으로 진행되지는 않을 것이기 때문에 에너지의 전환은 느리게 갈 수밖에 없다. 처음 원자력 발전이 실용화되었을 때 사람들은 원자력으로 모든 에너지를 감당할 것으로 믿었다. 하지만 원자력 발전소는 석탄 화력 발전소, 가스 화력 발전소를 급속하게 대체하지도 못했다. 또한 몇 번의 원자력 발전소 사고와 그 외의 단점들이 알려지면서 이제는 신규 발전소 선호도에서 매우 낮은 위치에 있게 되었다. 신재생 에너지 또한 그런 경로로 가지 않으리라는 법이 없다. 에너지 전환은 원래 느리다. 나무에서 석탄으로, 석유로, 천연가스로의 전환처럼 말이다. 에너지 전환은 단기간에 이루어지는 임플란트를 하는 것이 아니라 오랜 시간이 요구되는 치아 교정을 하는 것이다.

온실가스와 지구 온난화

'모든 것이 과하면 부족함만 못하다'라는 속담이 있다. 우리가 화석 연료를 연소하면서 그로부터 동력을 얻어 생활의 편리함과 풍요로움은 가져왔지만 화석 연료 사용이 지나치게 증가하면서 서서히 문제가 나타나기 시작했다. 첫 번째 문제는 바로 대기 및 수질 오염 문제이다. 석탄이나 석유는 땅속에 저장되어 있을 때 탄화수소(탄소와 수소로 이루어진 화합물이며, 이것을 우리는 화석 연료라고 부른다)

뿐만 아니라 다양한 무기 화합물도 조금씩 함유하고 있는데 대표적인 물질이 바로 황이다. 그래서 화석 연료를 연소할 때 탄소만 연소되는 것이 아니라 황도 같이 연소되어 황산화물이 발생하게 된다. 이것이 대기를 오염시키고 수질을 오염시키는 대표적인 오염 물질이다. 이런 황산화물을 제거하는 기술은 이후에 개발되어서 발전소나 정유 시설에 소위 말하는 '탈황 설비'를 설치함으로써 지금은 대기나 수질 오염에 영향을 미치지 않도록 잘 조절되고 있다.

또 다른 오염 물질인 질소 화합물은 주로 화력 발전소나 자동차 배기가스에서 배출이 되는데, 이 질소 화합물은 화석 연료에 포함된 물질이 아니라, 화석 연료를 연소할 때 사용되는 공기(공기의 79%는 질소, 21%는 산소이다) 중에 있는 질소가 높은 연소 온도에서 산소와 반응하여 생기는 오염 물질이다. 질소 화합물을 제거하는 기술 또한 이미 개발되어서 대기나 수질 오염에 대한 위협은 과거보다 크게 낮아졌다. 최근 사회적으로 큰 문제가 되었던 요소수 부족 문제는 기술적 문제가 아니라 디젤 자동차에서 배출되는 질소 산화물을 처리하는 데 필요한 요소수가 부족해서 생긴 것으로 유통이나 공급 부족 문제일 뿐이다. 또한 우리를 지속적으로 괴롭히고 있는 미세 먼지도 석탄을 연소하는 발전소에서 발생하는데, 발전소 연료를 석탄에서 천연가스로 바꾸거나 분진을 포집하는 전기 집진기나 여과 시설을 설치함으로써 어느 정도 조절이 가능해졌다.

그런데 그동안 큰 문제로 여기지 않았던 이산화탄소가 우리의 미래를 위협하는 새로운 위험 요인으로 등장하게 되었다. 화석 연료 연소에서 나오는 이산화탄소는 앞서 언급한 황화산화물이나 질소 산화물과는 달리 대기 오염이나 수질 오염을 일으키지는 않는다. 우리가 일상에서 볼 수 있듯이, 아이스크림을 녹지 않게 하는 냉매로 사용하는 흰색의 고체 물질이 바로 고체 상태의 이산화탄소인데, 보통 드라이아이스라 부른다. 가끔 방송에서 가수들이 등장할 때 무대 바닥에서 피어오르며 몽환적 분위기를 만들어 내는 흰 연기 같은 것이 바로 드라이아이스이다. 즉 드라이아이스가 상온에서 기체로 바뀌는 과정이 마치 흰 연기가 피어오르는 것처럼 보이는 것이다. 앞서 살펴보았듯이 이산화탄소는 우리 몸에 직접적으로 피해를 주는 오염 물질은 아니다. 그런데 문제는 인류의 생활이 향상되면서 전기 수요나 가솔린 같은 수송 연료의 수요가 비례적으로 증가해왔고, 이것은 화석 연료의 사용량도 크게 증가해왔다는 것을 의미한다. 이런 화석 연료의 연소 과정에서 발생한 이산화탄소가 바로 분해되지 않고 대기권에 계속 축적이 되어 왔다. 일부 독자는 우리에게 오염 문제를 일으키지 않는 이산화탄소가 대기권에 축적이 되는 것이 무슨 문제인지 의아할 것이다.

이제 지구 온난화와 관련된 과학적 지식을 알아보고자 한다. 이를 위해서는 먼저 태양에서 지구로 조사되는 복사 에너지와 대기의 온도와의 관계를 살펴보아야 한다. 전문적인 내용을 생략하고 쉽게 이야기하면, 태양에서 지구로 방출하는 복사 에너지(태양 복사열)와 지구에서 우주로 방출하는 복사 에너지(지구 복사열)는 지금까지 열적 평형을 이루었다. 즉 지구는 태양으로부터 복사 에너지를 받고, 그 일부는 다시 외부로 방출한다는 것이다. 따라서 지구는 일정한 온도를 유지해 왔다. 그런데 최근 수십 년 동안 지구에서 우주로 나가는 복사 에너지의 일부가 대기권에서 온실가스라 불리는 특정한 기체에게 붙잡히면서 지구의 온도가 마치 온실처럼 더워지고 있다는 것이다. 이산화탄소는 바로 이런 온실 효과를 불러일으키는 대표적인 온실가스다. 온실가스로는 이산화탄소 외에도 메탄, 수증기, CFC 등이 있는데 이중에서 이산화탄소의 농도가 가장 높기 때문에 주로 이산화탄소를 지구 온난화의 주범으로 여기게 된 것이다. 이처럼 인간의 활동에 따른 이산화탄소의 배출량이 증가하면서 지구를 과거보다 더 따뜻하게 온실처럼 만들었다는 것이다.

온실 효과를 만드는 이산화탄소 배출량이 증가할수록 대기권의 이산화탄소 양은 증가하고(대기권에 존재하고 있는 이산화탄소의 반감기는 대략 수백 년으로 알려져 있다) 이것은 지구의 온도를 높이는 데 기여한다. 즉 온실가스가 증가하면 지구 온난화는 가속된다. 지구의 기온이 올라가면(지구 온난화가 가속되면) 이는 당연히 기후 변화를 가져오게 되는데, 이런 기후 변화가 우리 생활에 미치는 영향에 대해 아직 자세하게 알려진 바는 없다. 다만 여러 과학자들이 과학적 이론을 바탕으로 결과를 예측하건대 이런 기후 변화는 미래의 우리 삶에 치명적인 나쁜 영향을 준다는 것이다.

지구 온난화의 주요 쟁점

지구 온난화와 그에 따른 기후 변화는 많은 언론과 미디어를 통해서 잘 알려져 있다. 여기서는 잘 알려지지 않은 기후 변화 옹호론자와 회의론자 간의 몇 가지 논쟁에 대하여 설명하고자 한다.

우선 논쟁의 중심에 있는 대기 중 이산화탄소의 농도와 관련하여 중요한 의미를 가지는 이산화탄소 농도 측정에 대하여 알아보자. 현재 대기 중 이산화탄소의 농도는 1958년부터 하와이의 마우나로아 관측소에서 측정한 값을 표준값으로 사용해왔다. 그 이유는 그곳이 높은 고도와 고립된 섬이기 때문에 주변의 영향을 받지 않고, 지구 대기권을 대표한다고 여겼기 때문이다. 하와이 마우나로아 관측소에서 처음으로 이산화탄소 농도를 측정한 과학자가 킬링(keeling) 박사였기 때문에 이 곡선을 '킬링 곡선'이라고 부른다. 그리고 킬링 곡선은 측정을 시작한 1958년부터 지속적으로 이산화탄소 농도가 증가하고 있음을 보여준다.

북극 빙하에서 채취한 얼음 샘플에서 얻은 과거의 이산화탄소 농도를 지금의 이산화탄소 농도와 비교하면, 1800년대 산업 혁명 이후 인간이 배출한 이산화탄소는 지속적으로 증가했고, 그 수치는 280ppm에서 420ppm까지 증가했다. 그와 더불어 특정 지역에서 측정한 온도 또한 비례적으로 증가했다. 그래서 이산화탄소가 지구 온난화의 주요한 원인이 될 수도 있다는 생각에는 모든 과학자가 동의를 한 상황이다. 따라서 킬링 곡선은 이산화탄소 증가가 지속적인 지구 표면 온도 상승과 선형적인 관계를 가지고 있다는 과학자들의 주장을 증명하는 자료가 되었다. 즉 우리가 지금처럼 지속적으로 화석 연료를 사용한다면, 이산화탄소 농도는 계속 올라갈 것이며, 이에 비례하여 지구 표면 온도 또한 올라갈 것이라는 것이다.

여기까지는 지구 온난화 옹호론자나 회의론자 모두 인정하는 과학적 사실이다. 최근 IPCC는 인류의 화석 연료 사용 증가 추세가 지속되면, 2100년에는 과거 수천 년간 280ppm의 농도로 일정하게 유지되던 대기 중 이산화탄소의 농도 560ppm까지 상승하게 될 것이며, 이에 따라 지구 온도 또한 3~4℃ 상승(여기에는 1.5~4℃까지 여러 의견이 있다)될 것이라고 경고했다.

하지만 여기서 몇 가지 논쟁이 벌어진다. 우선 미래의 기후 변화를 예상하는 데 기준이 되는 자료는 기후 예측 컴퓨터 모델의 결과이다. 옹호론자는 기후 예측 모델이 어느 정도는 정확한 모델이라는 것이고, 회의론자는 모델의 불확실성이 크다는 것이다. 회의론자의 주장을 구체적으로 보면, 먼저 컴퓨터 모델의 기초가 되는 격자(수학적 모델을 하는 데 필요한 최소의 물리적 크기)의 크기가 너무 커서 불확실성이 있다는 것이다. 즉 지구와 대기의 크기가 물리적으로 너무 커서 기존의 모델로 해석하기에는 정확성이 떨어진다는 것이다. 그리고 수증기가 다시 강우로 변하는 과정에서 날씨 상황을 예측하기 어렵기 때문에 컴퓨터 모델의 정확성이 떨어진다는 것이다. 또한 자연적 영향인 강수, 해류 운동, 해양의 이산화탄소 흡수, 구름에 의한 태양빛 반사, 지구 복사 흡수, 눈 또는 얼음에 의한 태양빛 반사 등과 같은 자연적 요인까지 컴퓨터 모델이 잘 예측할 수는 없다는 것이다.

또 다른 논쟁은 비록 이산화탄소의 농도가 280ppm에서 560ppm으로 2배 증가했다고 해도, 그것은 대기를 구성하는 10,000개의 분자(질소, 산소, 수증기, 아르곤 등) 중에서 이산화탄소의 개수가 2.8개에서 5.6개로 증가한 것을 의미한다는 뜻이다. 그렇다면 이런 정도의 이산화탄소 증가가 과연 인간에게 얼마나 치명적인 영향을 주는 온도 상승을 가져올 것인지 의문이 들게 된다.

이번에는 지구 표면의 온도 상승에 대한 논쟁이다. 앞서 논했지만, 과학과 공학에서 사용하는 온도는 섭씨(℃), 화씨(℉)가 아니라 절대 온도 K이다. 이 절대 온도는 켈빈이 정한 것으로 모든 공학적 계산에서 기본이 되는 온도 단위이다(K=272+℃). 그러면 지구 표면의 평균 온도가 2050년에는 15도에서 18도로 섭씨 3도 상승한다고 했는데, 이 경우 온도 상승은 20% 정도이다(15°C ⇨ 18°C). 하지만 열역학적 온도인 절대 온도를 사용하면 지구 표면 온도는 288K에서 291K로 단지 1% 정도 상승하는 것이다. 결국 절대 온도의 측면에서 보면 지구 표면 온도 상승은 그다지 위협적이지 않다는 것이다. 마지막으로 자연적 원인(강수, 구름의 양, 에어로졸, 태양 활동, 해양 온도, 눈과 얼음의 반사) 또한 태양 복사열과 지구 복사열에 영향을 주기 때문에 인간의 활동(이산화탄소 방출)에 의한 지구 온난화의 영향과의 분명한 구분이 어렵다는 것이다.

사실상 회의론자들 또한 화석 연료의 지속적인 사용으로 지구의 온도가 상승할 것이라고는 믿는다. 다만 기후 변화의 정도가 지나친 공포나 두려움을 가져올 정도는 아니며, 경제 발전과 공학적 기술 개발로 충분히 극복할 수 있는 상황이라는 것이다. 회의론자들이 주장하는 가장 큰 이슈는 지나친 공포와 두려움 때문에 이산화탄소 배출 방지에 무리하게 많은 사회적, 기술적 비용을 지불하다 보면 인류의 또 다른 안전을 위협하는 의료, 보건, 위생, 교육 등에 쓸 돈이 부족하다는 것이다. 즉 비용 편익 분석과 같은 경제적 수단으로 지구 온난화를 보아야 한다는 것이다. 쉽게 말해서 너무 호들갑을 떨지 말고, 지구 온난화에 대한 더 정확한 예측이 가능할 때까지 에너지 절약과 효율 향상에 힘쓰고, 그 돈으로 가난한 나라의 빈곤 퇴치, 교육, 보건 위생에 힘쓰도록 해야 한다는 것이다.

어느 쪽 주장이 맞는지는 시간이 더 지나봐야 알 수 있겠지만, 문제는 그때가 되면 우리는 돌이킬 수 없는 기후 변화를 맞이하게 될지도 모른다는 것이다. 이래저래 해결하기 어려운 문제이다. 그래서 대다수의 전문가들은 예방 차원에서 최악의 상황을 염두에 두고 준비를 해야 한다는 기후 변화 옹호론에 동조하는 상황이다.

지구 온난화의 미래

지구 온난화에 대하여 사람들이 생각하는 이미지는 화력 발전소의 굴뚝에서 나오는 연기이다. 물론 화력 발전소에서 나오는 이산화탄소가 지구 온난화의 주범이기는 하다. 하지만 실상은 그렇게 간단하지 않다.

첫째, 인류는 지속적으로 인구를 증가시켰는데, 인구가 증가한다는 것은 의식주를 필요로 하는 사람의 숫자가 늘어난다는 것이다. 그 이야기는 늘어난 인구만큼 식량과 의복과 집이 필요하게 되고, 이것의 생산을 위해서 많은 에너지(주로 화석 연료)가 추가로 필요하다는 것이다. 지구 온난화의 방지를 위하여 인위적으로 인구를 감소시킬 수단이 없기 때문에 필연적으로 인구 증가에 따른 이산화탄소의 증가는 불가피하다.

둘째, 인구 증가가 없다 하더라도 인류의 삶의 질이 개선된다는 것은 사람들의 영양 상태가 좋아진다는 것이다. 즉 과거보다 더 많은 육류와 가공식품을 섭취하는 것이고, 이것은 필연적으로 더 많은 식량 생산 과정에서 이산화탄소의 증가를 가져온다. 또한 늘어나는 식량 수요를 따라가기 위해서 산림을 개간하는 것(숲의 나무를 베어서 농지로 만들거나 가축의 목축지로 만드는 것) 또한 이산화탄소를 증가시키는 요인이 된다.

셋째, 저개발 국가의 삶의 질이 개선되면 자동차와 비행기 같은 에너지 다소비 교통수단의 이용이 증가하게 된다. 그러면 당연히 화석 연료와 같은 에너지 소비가 증가하면서 이산화탄소 증가를 가져온다. 왜냐하면 태양광이나 풍력으로 전기를 얻는 것보다는 석탄이나 천연가스에서 전기를 얻는 것이 더 경제적이기 때문이다. 따라서 경제적 여유가 없는 개발 도상 국가는 당연히 신재생에너지보다는 값이 싼 화석 연료를 이용하여 전기를 얻거나 동력을 얻을 것이다.

마지막으로 사람들이 점점 도시에 집중적으로 거주하면서 밀도가 높은 에너지를 도시로 공급해야 하는데, 이는 분산된 에너지를 집약된 에너지로 전환해야 하므로 에너지 효율 측면에서 불리하다. 즉 도시화가 심해질수록 에너지 낭비가 커진다는 뜻이다. 이는 또 다른 이산화탄소 증가를 가져오는 결과를 낳게 된다. 위에서 살펴보았듯이, 이산화탄소 증가에 따른 지구 온난화는 단지 화석 연료 사용, 그 자체만의 문제가 아니라 인류가 지금껏 살아온 삶의 방식에서도 문제를 찾아볼 수가 있다. 따라서 이산화탄소 배출은 인간의 생활이 지속되는 한 피할 수 없는 상황이 된 것이다. 따라서 이런 자연적인 이산화탄소 배출 증가의 요인들이 존재하는 상황에서 이산화탄소의 배출을 줄이는 방법은 당연히 화석 연료 사용 자제, 신재생 에너지 사용 증대일 것이다.

앞서 신재생 에너지의 확대를 급속하게 증가하기는 어렵다는 이야기를 했기 때문에 여기서는 이산화탄소 감축이 얼마나 어려운 일인지 이야기해 보자. 지구 온난화의 미래를 결정하는 이산화탄소의 감축 노력에 대한 개인적인 생각을 다음과 같은 비유로 설명하고자 한다. 여기에 고도 비만 환자 150명이 있다고 하자. 많은 의사들이 이들에게 다이어트를 즉시 시작해서 충분히 체중을 감량하지 않으면 대사증후군으로 평생 심각한 후유증으로 고통을 겪거나 목숨을 잃을 수도 있다고 경고를 한다. 그래서 그들은 곧 다이어트를 시작한다. 과연 몇 명이나 다이어트에 성공할까? 개인적인 경험이나 주변의 친구, 동료들을 통해서 타인의 다이어트 경험을 모두 잘 알고 있을 것이다. 개인적으로 성공 확률은 10% 정도라고 본다. 다이어트는 의지의 문제가 아니라 습관의 문제이기 때문이다. 지구 온난화라는 문제 또한 이산화탄소를 감축해야 하는 일종의 에너지 다이어트 문제이다. 그런데 우리는 오랜 기간 화석 연료의 달콤함에 중독이 되어(탄수화물 중독처럼) 웬만한 노력으로는 이런 유혹을 벗어나기가 어렵다. 개인의 다이어트 실패가 지구 온난화에 영향을 미치는 일은 없겠지만, 모든 국가들이 해야 하는 이산화탄소 다이어트는 상황이 다르다. 그래서 지구상의 모든 사람들이 동참을 해야 하는 것이다. 이것은 개인의 문제가 아니라 인류 전체가 합심해야 하는 문제다. 반드시 모든 나라가 다이어트에 성공해야 한다.

하지만 인간이 이기적이고, 경제적인 동물이라는 관점을 고려하면, 사용하기 편리한 화석 연료 사용을 그만두고 당장 신재생 에너지로 전환하기는 어려울 것으로 예상한다. 아직 스스로가 심각한 기후 변화의 영향을 직감적으로 느끼지 못하고 있기 때문이다. 아직 발등에 불이 떨어지지 않았다는 이야기다. 자신의 땅 밑에 좋은 자원이 있는데, 이것을 외면하고, 먼길을 돌아가기에는 화석 연료의 유혹이 너무나도 강력하다. 이제 갈 길은 분명하다. 독일이나 덴마크, 아이슬란드처럼 신재생 에너지 활용에 모범적인 나라들이 있지만, 실제로 덴마크나 아이슬란드의 이산화탄소 감축 실적은 지구 온난화 방지에 큰 도움이 되지는 않는다. 절대적인 이산화탄소 배출량이 적기 때문이다. 국가의 총 이산화탄소 배출량이 큰 중국, 미국, 인도, 러시아, 일본, 독일, 이란, 대한민국, 캐나다, 사우디아라비아, 브라질, 호주가 먼저 솔선수범해야 한다. 우리나라 또한 이산화탄소 주요 배출국임을 반드시 기억하자.

앞서 이산화탄소 배출량이 많은 나라들을 보면서, 개인적으로는 독일을 제외한 다른 나라들은 이산화탄소 감축에 그다지 노력을 하지 않는다는 느낌이다. 지금은 전 세계가 소위 세계화라는 이름으로 하나의 커다란 시장으로 작동하고 있다. 여기서 무한 경쟁이 핵심적 경제 윤리가 되고 최고가 아니면 살아날 수 없는 시장 경쟁 체제이다. 이런 상황에서 제품 경쟁력에 큰 비중을 차지하는 에너지 비용을 값싼 에너지원에 의존하려는 것은 너무나 당연하고 경제적인 선택이다. 빵이 환경보다 먼저이기 때문이다. 게다가 이런 나라의 지도자들이 환경주의자라면 몰라도, 자국의 경제적 이익을 추구하는 정책을 우선적으로 편다면 이산화탄소 배출 감축은 점점 더 어려운 과제가 될 것이다. 세계의 지도자들이 모두 선한 환경주의자는 아니기 때문이다. 2017년 미국에서 트럼프가 대통령이 되자마자 2016년 전 세계가 어렵게 합의한 파리 협정을 바로 탈퇴하는 광경을 보지 않았는가? 그래서 지구 온난화를 피할 수 있는 가장 중요한 대책인 이산화탄소 감축 문제는 과학적, 공학적, 기술적 문제라기보다는 정치적, 경제적 문제가 된 것이다.

이제 지구 온난화의 진행 과정이 어느 정도 예측 가능하다는 과학적 사실들과 이산화탄소의 감축이 해결책이라는 것 또한 알게 되었다. 그러나 가랑비에 옷 젖는 줄 모른다는 속담대로, 오랜 기간 저렴한 화석 연료가 주는 편리함과 안락함에 중독되어서 빠져나오기 어려운 실정이 놓여 있는 것이 현재 우리의 모습이다. 이제 우리가 기후 변화의 두려움에서 벗어나기 위해서는 어떤 행동을 해야 할지는 각자의 영역에서 스스로 생각해야 할 때이다.

원자력 발전에 대한 고찰

미래의 에너지를 언급할 때 빠질 수 없는 부분이 바로 원자력 발전이다. 이미 알고 있듯이, OECD 국가가 아닌 대부분의 국가들은 에너지 부족으로 어려움을 겪고 있다. 화석 연료를 구입할 돈도 없는 경우에는 나무를 베거나 동물의 배설물, 쓰레기 소각으로 에너지를 얻고 있는 실정이다. 그런데 이런 나라들의 생활 수준이 향상되면서 전기 에너지 수요는 당연히 증가하고 있다. 그렇다고 이들 나라들에게 값싼 화석 연료를 버리고 값비싼 신재생 에너지로 바꾸라고 하기는 힘들 것이다. 게다가 인구 증가에 따른 에너지 소비 증가를 예측해볼 때 인구 증가와 개발 도상 국가의 생활 향상은 에너지 소비 증가의 주요 요인이 될 것이다. 이런 상황에서 증가하는 에너지 수요를 모두 신재생 에너지로 공급하는 것은 거의 불가능하다. 하지만 화석 연료의 문제점은 너무나 분명하기 때문에 현실적으로 남는 대안은 사용 경험이 축적된 원자력 발전뿐이다.

원자력 발전을 이야기하면 본능적으로 불안감을 표시하는 사람들이 있다. 우리가 에너지에 관한 모든 기술을 잘 이해하고 있지는 않기 때문에 몇몇 기술에 대한 과도한 반대는 어쩌면 충분한 기술적 이해의 부족에서 나올 수 있다. 그리고 그와 관련된 정치적 성향 또한 무시할 수 없다. 그러나 이 책에서는 원자력에 관한 정치적 문제까지는 언급하지 않으려 한다. 다만 적절한 대안 없이 반대를 하는 경우에 대하여 몇 가지 이야기를 하고자 한다.

원자력 발전을 이야기하면 다들 떠오르는 것이 방사능 누출에 대한 두려움이다. 개인적인 의견으로는 완벽하게 안전한 원자력 발전소는 불가능하다고 생각한다. 하지만 같은 논리로 완벽하게 안전한 자동차나 비행기, 선박이 가능하다고 여기는지 되묻고 싶다. 대형 사고가 공학적 설계의 부실함이 아니라 작업자의 태만, 부주의, 무지가 원인인 경우가 많기 때문이다. 매년 새로운 자동차의 안전 기준이 마련되고 도로의 안전성은 점점 높아지고 있는데도 자동차 사고로 매년 수십만 명이 죽는다. 그런데도 우리는 계속 자동차를 만들고, 모두가 이용하고 있다. 한편 비행기 사고 발생 빈도는 매우 낮지만 한 번의 추락으로 수백 명이 한꺼번에 목숨을 잃는다. 그래서 일반인이 받는 충격과 두려움의 정도는 자동차 사고와는 다르다.

그러나 비행기의 경우 한 번 사고가 나면 전문위원회에서 철저하게 원인을 분석하여 모든 항공사가 그 정보를 공유한다. 종종 TV 디스커버리 채널에서 항공기 사고에 대한 다큐멘터리를 보면 안전에 대한 기준이 꾸준히 높아질수록 비행기 사고가 감소함을 알 수 있다. 마찬가지 이유로 원자력 발전에 대한 사고 또한 과거의 자료에서 문제점을 찾고 이에 대한 기술적 개선이 이루어지고 있기 때문에 미래에는 사고 위험은 크게 감소될 것이라는 것이 개인적인 의견이다. 그럼에도 불구하고 한번 사고가 났을 경우 그 피해가 자동차나 비행기 사고와는 비할 바가 아니라는 점 또한 잘 알려져 있다. 대중은 각종 사고의 사망 통계보다는 대형 사고의 기억에 영향을 많이 받는다. 그래서 원자력 발전은 가장 최후에 선택할 에너지 공급원이라고 생각한다. 하지만 앞서 보았듯이 인류의 삶의 질 향상, 그리고 기후 변화 대처라는 두 마리의 토끼를 잡기 위해서는 불가피하게 원자력 발전을 차선책으로 고려해야 할지도 모른다는 것이다. 물론 신재생 에너지가 훌륭한 에너지 공급원이기는 하지만 현재 인류가 처한 에너지 문제를 풀기에는 너무 많은 시간이 요구된다.

마지막으로 깨끗한 환경을 만들고 지구 온난화 방지를 위해 노력하는 환경주의자들이 주장하는 원자력 발전소 폐쇄와 신재생 에너지 사용은 그 주장하는 목적과 방법에서 정당성이 있다. 하지만 정당한 주장도 실행 단계로 발전하기 위해서는 국민들의 공감을 얻어야 한다. 즉 이산화탄소 배출 감축에 도움이 되는 행동을 먼저 자발적으로 보여 주여야 한다는 것이다. 그래야 일반 시민들의 공감을 얻고, 동참을 유도할 수 있다. 성명서를 낭독하고, 강연을 하고, 책을 쓴다고 해결되는 것이 아니다. 말만 앞서고 행동이 따르지 않으면 공염불일 뿐이다.

미래의 에너지

지금까지 우리는 화석 연료와 그를 이용하는 다양한 동력 기기, 전기, 자동차에 대하여 알아보았다. 우리가 이룩한 경이로운 문명의 발달은 바로 영국에서 시작된 산업 혁명, 즉 석탄과 증기 기관에서 비롯된 것임을 부인할 수는 없다. 하지만 이제 화석 연료에 기반하는 문명의 문제점이 노출되면서 우리는 새로운 형태의 에너지원, 그리고 새로운 방식의 에너지 공급 시스템을 찾아야 할 때이다. 화석 연료의 사용에 따른 문제점은 예측되는 화석 연료의 고갈과 이에 따른 환경 오염, 그리고 지구 온난화이다. 가장 시급한 문제는 지구 온난화 문제를 해결하는 것이다. 화석 연료의 고갈은 셰일 가스와 셰일 오일, 오일 샌드, 그리고 메탄 하이드레이트 발견으로 어느 정도 해결이 되었다. 환경 오염 또한 대기, 수질 오염을 방지하는 다양한 화학공학 기술로 우리가 비용만 지불하면 충분히 방지할 수 있는 수준에 도달해 있다. 하지만 마지막 문제인 지구 온난화는 쉽게 해결될 문제는 아닌 것으로 보인다. 해결해야 할 문제는 어렵고, 시간이 많이 남아 있지 않는다는 데서 문제의 심각성을 알 수 있다.

우리는 지구 온난화로 인한 기후 변화라는 미래의 위협과 맞서고 있다. 불확실성은 인간의 숙명이다. 지구 온난화 또한 이 범주에서 벗어나지 못한다. 하지만 우리가 앞서 보아온 에너지 기술과 우리가 활용할 수 있는 에너지 자원을 살펴보면 이산화탄소 배출 감축이라는 목표를 달성할 수 있는 기술들은 모두 가지고 있다고 볼 수 있다. 그리고 문제는 기술의 문제가 아니라 경제적 요인이라는 점 또한 잘 알고 있다. 이제 우리는 중대한 선택과 실천의 기로에 있다.

우리가 준비해야 하는 에너지의 미래는 기후 변화 속도와 그로부터 예측되는 지구 환경 변화의 결과에 따라 달라질 수밖에 없다. 그리고 분명한 것은 우리의 준비가 필요한 시간이 바로 지금이라는 것이다.

나가는 말

"지금 우리가 지구에서 하는 행동은 무엇인가? (…) 우리는 경험하지 못한 속도로 온실가스를 대기로 보내고 있다. (…) 이것은 지구가 처음 경험하는 것이다. 지구를 위태롭게 하는 방식으로 지구의 환경을 바꾸고 있는 것은 바로 우리와 우리의 에너지 사용 활동이다."

마거릿 대처 영국 수상이 1989년 11월 8일 유엔에서 행한 연설의 일부이다. 마거릿 대처는 화학을 전공했기에 그의 말은 더욱 설득력 있게 청중에게 다가갔다.

우리는 이제 지구가 더워지고 있고, 이로 인하여 경험하지 못한 기후 변화에 직면할 것이라는 사실 또한 잘 알고 있다. 그래서 지구 온난화와 관련된 모든 부정적인 영향을 화석 연료 탓으로 돌리고 있다.

사실 화석 연료는 잘못이 없다. 오히려 우리는 화석 연료가 준 편리함과 안락함에 고마워해야 한다. 화석 연료를 죄악시하는 것은 배은망덕이다. 자신을 돌봐준 부모를 부정하는 것과 같은 이치이다. 어린 시절 겨울철 추위와 여름철 더위, 그리고 불편한 교통 시스템을 경험한 사람이라면 에너지의 도움으로 우리가 지금 누리는 쾌적함과 편안함을 부정하지는 못할 것이다. 게다가 중화학 공업을 근간으로 하는 수출로 세계가 부러워하는 놀라운 성장을 가져온 우리나라가 화석 연료에 도움을 받은 것을 잊어서는 안 된다. 그리고 전 세계가 누리는 문명이 화석 연료에서 얻은 동력으로 이루어진 것을 부인할 수는 없다. 문제는 화석 연료의 과도한 사용과 적절하지 않은 사용 방법이다. 과도한 화석 연료 사용에 따른 부작용이 바로 지구 온난화이기 때문에 화석 연료의 사용을 줄이고 화석 연료가 그 본래의 목적에 잘 기여하도록 해야 한다.

한편 우리는 화석 연료가 가지는 에너지로서의 한계를 인식하고 신재생 에너지로 에너지 공급 시스템의 전환을 하는 중이다. 베이컨이 이야기한 '아는 것이 힘이다'라는 격언을 에너지 문제에 적용해야 할 시기이다.

따라서 우리는 에너지에 대한 정확한 정보가 필요하다. 그것은 올바른 에너지의 사용, 올바른 에너지 제품의 선택, 그리고 지구

온난화에 대한 올바른 지식을 말한다. 이런 에너지 지식이야말로 21세기 기후 변화에 가장 현명하게 대처할 수 있는 수단일 것이다.

감사의 말

저는 1993년 성균관대학교 화학공학과에 부임한 이래로 에너지 관련 연구를 계속해 왔습니다. 제 연구는 주로 태양열 저장, 수소 생산, 이산화탄소 저감 기술이지만, 크게 보면 태양열 연구와 수소 연구가 제 연구 생활의 전부라고 할 수 있습니다. 이처럼 한 분야에 대한 오랜 연구가 가능했던 이유는 제가 수행하는 연구 과제와 관련되어 지속적으로 도움을 주신 분들이 계셨기 때문입니다. 이 책 또한 그런 연구 과제를 수행하는 과정에서 얻은 지식과 경험으로 나왔기 때문에 이와 관련하여 특별히 몇 분들께 감사를 전하고자 합니다.

대학교 부임 후, 첫 번째로 수행한 태양열 저장 관련 연구를 시작으로 약 15년 동안 여러 가지 태양열 관련 공동 연구를 꾸준히 함께 한 에너지기술연구원의 강용혁 박사님, 인하대학교의 서태범

교수님에게 감사를 드립니다.

그리고 이산화탄소 발생이 없는 수소 생산 연구를 수행하면서 학문적으로 큰 도움을 주시고 학자의 성실함을 보여 주시던 성균관대 화학공학과 윤기준 명예교수님, 수소 연구에 대한 관심과 격려, 그리고 재정적 지원을 아낌없이 해 주신 전 KIST 수소 연료 전지 사업단장 홍성안 박사님, 전 KIST 원장 이병권 박사님께도 감사를 드립니다.

마지막으로 에너지 및 유동층 공학 연구실에서 석사, 박사 과정 연구를 하면서 묵묵하고 성실하게 연구를 수행한 실험실 동문 모두에게 감사를 드립니다.

한편 원고의 세심한 교정과 편집으로 보기 좋고, 읽기 좋은 책으로 만들어주신 성균관대 출판부의 구남희 씨를 비롯한 여러분들께도 감사를 드립니다.